U0397265

〔加〕内金·米纳伊（Negin Minaei）/**主编**

王静 周雪砚/**译**

SMART CITIES:

Critical Debates on Big Data, Urban Development and Social Environmental Sustainability

智慧城市：
大数据、城市发展和
社会环境可持续性

上海人民出版社

Anna Artyushina
安娜·阿尔秋申娜

社会学家和科学技术学（STS）研究学者，
约克大学城市研究所博士。

Emma Burnett
艾玛·伯内特

考文垂大学农业生态学、水资源与恢复力中心的研究员。

Adam Jones
亚当·琼斯

可持续性问题的研究员和顾问，
从事可再生能源和可持续性建筑领域已有十多年。

Parisa Kloss
帕里萨·克洛斯

建筑师、城市规划师，城市气候变化弹性规划专家。
柏林自由大学院士。弹性城市规划与发展民事合伙企业首席执行官。

Toby Mottram
托比·莫特拉姆

英国皇家工程院院士，英国农业工程师学会院士。
创立了三家公司，在英国农业工程方面作出杰出贡献。

Camilla Ween
卡米拉·韦恩

英国皇家建筑家协会，高速与运输学会成员，哈佛勒布学者，
建筑环境专家。目前担任戈尔茨坦 - 韦恩建筑师事务所董事。

目录

第一部分

智慧城市发展、可持续性与弹性

第二部分

粮食安全与智慧城市农业

缩略语

AAV 自动驾驶飞行器（Autonomous aerial vehicles）

AEV 自动驾驶和电动汽车（Autonomous and electric vehicles）

AGL 高于地面（Above ground level）

AGV 自动地面车辆（Autonomous ground vehicles）

CAP 共同农业政策（Common Agricultural Policy）

DSCNs 无人机驱动的小型蜂窝网络（Drone-empowered small cellular networks）

DSIS 无人机支持的信息系统（Drone-supported information system）

EU 欧洲联盟（欧盟）（European Union）

FAA 联邦航空管理局（Federal Aviation Administration）

FRID 无线电频率识别（Radio frequency identification）

FTA 面向未来的技术分析（Future-oriented technology analysis）

GHG 温室气体，主要是甲烷（CH_4）和一氧化二氮（N_2O）〔Greenhouse gas mostly methane（CH_4）and nitrous oxide（N_2O）〕

GIS 地理信息系统（Geographic information system）

GNSS 全球导航卫星系统（Global navigation satellite system）

GPS 全球定位系统（Global positioning system）

LIDAR （光学雷达）光探测和测距（Light detection and ranging）

RPAS 遥控飞机系统（Remotely piloted aircraft systems）

UAM 都市空中运输（Urban aerial mobility）

UAS 无人机系统（Unmanned aircraft systems）

UAV 无人驾驶飞行器（Unmanned aerial vehicles）

UNFCC 《联合国气候变化框架公约》（《气候变化公约》）（United Nations Framework Convention on Climate Change）

UWB 超宽频段（Ultra-wide band）

VLOS 目视视距以内（Visual line-of-sight）

—— **前言** ——

2016 年，在一本名为《智慧城市再生》(*Smart Urban Regeneration*) 的书中，我撰写了一章《场所与社区意识》(Place and Community Consciousness)。之后，我收到了再写一章关于智慧教育文章的邀请。身处于全球化和气候变化的时代，深知教育不仅是培养学生，并且在为下一代提供解决新问题的方法上起着至关重要的作用，所以我接受了邀请并撰写了标题为《大学、人文与科学及智慧教育》(Universities, Art and Science and Smart Education) 的章节。在这个章节中，我解释了为了解决复杂的城市问题，尤其对于我们未来的城市创建，多学科和跨学科的课程是至关重要的理由。我搜索了一些关于可持续性发展的项目或课程，这些项目或课程向学生传授了相关的方法。我对全球不同大学的"智慧城市"课程、项目和模块进行了回顾、总结和基准检测，并指出了与"智慧"相关的学科的兴起。在当时，全球只有十所大学有可持续或智慧城市课程。通过对这些课程及其主题进行仔细的研究以及元分析，我设计了一门名为"可持续城市"的课程。温莎大学工程学院委员会批准了我提交的这门课程，并将其提供给环境土木工程、机械汽车工程、计算机电气工程以及工业工程的硕士生（MEng，工程硕士）。从 2017 年 1 月开始到 2019 年 1 月，我一直在教授这门课程。在为该课程准备教材时，我对智慧城市的不同方面及其可持续性进行了广泛的研究。随着自然灾害以及人为错误的频率和严重程度日益加重，在我看来，帮助下一代准备好如何面对气候变化的后果，不仅明智且十分必要。他们需要学习如何负责任地解决问题，具备相应的知识与技能，以能够在为地球考虑的前提下，设计出更加智能且更具可持续性的产品。当我的学生对不同的"智能"产品进行批判性研究并展开问题解决的思路时，我们意识到大多数智慧的解决方案并不是真正可持续的，而且更重要的是缺乏弹性的（resilient）。因此，尽管我们的城市和我们的舒适生活多了一些数字智能化产品，但这些产品并不一定能提高城市的弹性（resilience）① 或可持续性。正值其时，我下决心要编写一本关于此课题的书。

2019 年，我分别在美国和欧盟找到了两个新成立的专业。一个是公共和国际事务学院下的"智慧与可持续城市"（Smart and Sustainable Cities）。我很高兴看到这门课程不仅跨学科，而且充分运用了公共和国际事务、城市事务和规划、政府和国际事务以及公共行政和政策中心等不同院校之间的合作。这意味着规划、政策和政治之间的结合，似乎是推动我们的城市走向真正概念上的可持续智慧城市所迫切需要的。另一个是伊拉斯谟世界计划（Erasmus Mundus）的联合理学硕士学位项目"智慧城市与社区"（MSc in Smart Cities and Communities, SMACCs），该项目由伊拉斯谟与欧盟计划支持创建，提供给英国、西班牙、比利时和希腊等国。因为规划与设计是能够塑造城市并帮助提高城市弹性、可持续性和生存机会的专业，所以我切实希望加拿大和其他国家的更多大学和院校也

---

① resilience 的含义与翻译参见 1824 年《大英百科全书》：从灾难或变化中恢复或易于调适的能力。1933 年《牛津英语词典》：反弹或回弹的动作和伸缩性。目前"resilience"常见的中文译法有：恢复力、弹性、韧性、复原力、抗逆力等。不同领域根据学科的要求翻译会有所不同。本书在不同的语境下采用了上述几种译法。——译者注

能意识到该课题的重要性，并将类似的课程纳入其提供的学术课程清单。

当我于 2019 年 2 月开始在约克大学城市研究所担任访问学者时，有几位学院成员表示了对智慧城市课题的兴趣。最终，我们在约克大学城市学院成立了名为智慧城市工作组的小组，并开始举行会议和研讨，邀请国际学者共同发表演讲。这个小组的重点工作是 Alphabet 公司的项目（多伦多的人行道实验室智慧城市项目），研究智慧城市的大部分专家都专注在此项目上。几位来自荷兰的学者谈到了他们对算法规划的担忧，因为由谷歌之类的科技公司而不是专业城市规划者进行的这种规划，可能会成为城市规划的未来。我想要把目光放远，通过人行道实验室项目来观察问题，因为许多城市有迫切的需要去追求智慧城市的概念，以提高他们在全球和智慧城市排行中的等级和地位。2019 年 11 月，我正在为此书项目申请社会科学与人文研究委员会（SSHRC）的连接资助（Connection grant），以便我能够邀请国际学者到多伦多，在为期两天的研讨会上演讲，有机会见面交流观点，且最终合作撰写此书。这时发生了新冠疫情，所有跨国行程都被取消，我们开始居家办公，因而申请补助金已经没有意义了。新的工作形式无形中改变了我们的工作生活平衡，几位最初确认参与本书的学者身陷学习如何在线教学和准备数字教学材料之中，因此取消了合作计划；有人甚至感染了新冠，病情严重，也只得取消合作计划。我只能寻找更多该领域的专业人士，并最终花了一年多的时间，找到了能够信守诺言按时交稿的敬业学者。

虽然"智慧城市"是一个由科技巨头定义的概念——作为一个平台，为它们的技术产品创造市场，卖给城市，并获得更多市民的数据又将数据出售给其他行业，但我们的规划者和城市官员必须意识到真正的"智慧城市"概念。正如我在《场所与社区意识》一章中所解释的那样，所有利益相关者都需要理解这一点。因此，我开始与各个领域的专家交谈，以了解是否有其他人的思路与我类似，最终找到了为本书做出贡献的专家，并得到了他们的宝贵见解。他们讨论了所谓的"智慧城市"为何不是实现可持续发展的解决方案的理由。现在的撰稿人有的花了一二十年的时间研究学习城市语境下的可持续性和弹性。我本人于 1999 年开始从事可持续建筑工作，并在我的建筑工程学硕士论文中设计了一座利用被动和主动能源系统的"回声技术建筑"（Echo-tech building）。我设计了一个"回声技术与替代能源科技研究中心，包括一个利用风塔和太阳能电池组成的发电厂"。我是在我国同行中第一个对建筑可持续发展进行思考的人。我的城市化博士论文的标题是《全球化（信息技术和通信）对全球城市的物理与概念方面的影响——以英国城市伦敦为案》[The Effect of Globalization（Information Technology and Telecommunication）on Physical and Conceptual Aspects of Global Cities（Case Study of London, UK）]。在攻读环境心理学理学硕士学位时，我探究了"反思伦敦人认知地图中的种族背景、GPS 和交通模式"（Reflections of Ethnic Backgrounds, GPS and Transportation Modes on Cognitive Maps of Londoners），并观察到使用一些常见技术（如 GPS 或移动电话导航系统）对我们的大脑在真实城市环境中的导航能力的影响。这样看来，纵使我长久以来一直在关注技术对于人类与建筑环境之间关系的影响，但依然不知道该影响的能力和程度。也许这就是我追问这些问题并进行更多研究的理由。我还在英国完成了一个为期三年的"可持续城市化与交通"的博士后研究项目。作为一名研究助理，我参与了英国的多个国家和地区的可持续发展项目。

新冠疫情等事件可能使得政府要在数字基础设施上投入更多资金，而现在看来数字基础设施似乎对维持经济生计至关重要。若没有简单的数字工具和技术，比如计算机、笔记本电脑和宽带，学校、大学、政府和大多数企业都无法运作。这彰显了下一代接入（Next Generation Access, NGA）的重要性，并突出了整个城市和农村社区的数字鸿沟。英国政府在 2013 年采取了措施，投资数百万英镑为偏远地区（甚至包括迪恩森林）提供超高速宽带（Minaei, 2014）。在当时，法国等国家早已通过 4G 建立了智能手机上的数据接入访问。英国在不同地区采取行动和发展超高速宽带网络的启发来源于欧洲数字网络（ERNACT）。我们与 Fastershire、英国电信（BT）以及 ERNACT 联手展开工作，并与格洛斯特郡和赫里福德郡市议会（the Gloucestershire and Herefordshire City Councils）合作，从环境、经济、社会和需求的角度评估对所在地的影响。

因此，我觉得我们这些致力于可持续发展研究的人，应该针对所谓的"智慧城市"概念的关键问题进行批判性探讨。在本书中不会涉及讨论与智能电网相关的核心问题，因为我已在最近由列克星敦图书公司（Lexington Books）出版的《关于城市能源解决方案和实践的批判性回顾》（*A Critical Review of Urban an Energy Solutions and Practices*）一书中讨论了此类能源问题。当意识到智慧城市的解决方案并不是我们城市的救星，我开始思考可以采取哪些不同的措施来确保城市的未来。我定义了我的概念，并撰写了《气候变化时代的自持型城市化和自给自足型城市》（The self-sustaining Urbanization and Self-Sufficient Cities in the Era of Climate Change）的章节，由泰勒-弗朗西斯出版社（Taylor & Francis, CRC Press）出版。我们的城市需要能够承受各种各样问题并实现迅速地恢复。而有趣的是，许多智慧城市解决方案正在引领我们走向不可持续的未来，包括城市的电气化、对互联网的依赖、物联网、大数据、人工智能以及任何导致我们消耗更多电力的技术。

在本书的第一部分，我们将探讨智慧城市的一些关键话题，如所有城市所需的真正的可持续发展和复原力。卡米拉·韦恩（Camilla Ween）与帕里萨·克洛斯（Parisa Kloss）分别在第一章和第二章中对此进行了介绍。在第二部分中，艾玛·伯内特（Emma Burnett）与托比·莫特拉姆（Toby Mottram）调查了城市为其居民生产食物的能力，并详细阐述了农业的可持续性问题，以及农业技术在可持续未来中的作用。下一个关键的话题是针对安全性，在第三部分中，对于安全性和智慧城市的隐私方面进行了解释。在第五章中，亚当·琼斯（Adam Jones）与我一同审视了建筑行业。安娜·阿尔秋申娜（Anna Artyushina）则在第六章中阐述了智慧城市的数据、政府和隐私问题，并特别提到了多伦多的人行道实验室项目。在第七章中，我介绍了已开始浮现并快要到来的未来交通方式。

内金·米纳伊

致谢

本书未接受公共、商业或非营利领域资助机构的特殊资助。

特别感谢艾哈迈德·瓦塞尔（Ahmad Vasel）博士（美国田纳西理工大学）和威廉·詹金斯（William Jenkins）教授（加拿大约克大学城市研究所）在本书撰写过程中所给予我的支持与指导。

第一部分

智慧城市发展、可持续性与弹性

第一章

可持续城市化——为什么我们必须改变：
迈向公正与尊重地球及其居民的生活方式

卡米拉·韦恩

1.1 引言

> 阿丹子孙皆兄弟，
> 兄弟犹如手足亲。
> 造物之初本一体，
> 一肢罹病染全身。
> 为人不恤他人苦，
> 活在世上枉为人。[①]
>
> ——波斯诗人萨迪，13 世纪

波斯诗人萨迪曾写过一首关于人类的诗。在上面的诗句中，他提出要称自己为人，你必须保有对他人的尊重。显然早在 750 多年前，人们就已经知道人类若不保有人性，所有进步和征服都是徒

[①] 波斯诗人萨迪的诗翻译引用张鸿年译：《蔷薇园》，湖南文艺出版社 2000 年版。——译者注

劳。萨迪的《古丽斯坦》(又名《蔷薇园》《真境花园》)中的这一首诗被联合国用来体现他们的核心价值观并展示在纽约的大楼里。如果城市想要成为所有人都能栖身的真正庇护所,则必须建立在人性的基础上。一个可持续发展的城市会是一个充满人性的城市,并且能够不管在什么情况下都能支持带动它所有的居民。

然而,几乎所有的现代实践做法都对人类和地球产生了负面影响。如果我们想要在不对人类自己以及自然造成严重后果的情况下存活到 22 世纪,我们需要开始改变我们的生活和做事方式。2020 年新冠疫情期间,人类活动大幅减少。这鲜明地展现了我们的行为如何直接影响我们的环境和城市空间的质量。

我们现在正处于第四次工业革命的时代,这意味着我们越来越依赖智能技术、数字化和物联网,并正试图创造"智慧城市"。这个名词对不同的人来说可能意味着不同的东西,但我相信如果我们能够合理使用技术,然后更好、更快、更容易、更有效地做事,我们会变得更智慧。我们特别需要关注能够帮助减少能源消耗,并以良性且对环境无害的方式运行的工具,从而在增强社会的包容性、无障碍性的同时,增强幸福感、减轻压力。一个城市如果痴迷于为技术而技术或是纯粹关注经济利益的解决方案,那它不是智慧城市,而是资本主义机器。对廉价资源和劳动力的无休止的竞争将不可避免地导致对人或物的剥削,所以这种模式很难有可持续性。我们需要将智能技术视为帮助我们与地球和谐相处的工具。

如果要在接下来的几十年里实现大多数国家已经首肯的零碳目标,我们就必须彻底改变。建筑环境占温室气体排放的很大一部分,所以需要改变我们建造房屋与城市的方式。

运输占全球温室气体排放量的三分之一以上,所以需要改变人们的出行方式和货物运输方式。集约耕作持续在多种层面上破坏地球，摧毁我们的土壤、生态系统、毁灭雨林以及其他栖息地，所以我们需要重新思考如何生产食物以及食物的来源。预计到21世纪中叶，全球70%—80%的人口将居住在城市，所以这将会是一个城市的问题。由于城市是地球有限资源（包括水）的主要消费者，我们需要因此改变与资源的关系以及资源的使用。不断增加粮食产量、矿产开采、森林砍伐以及对化石燃料的依赖，可能会给一些人带来短期生活质量上的好处，但这些资源很难实现公平分配，并且从长远来看将会导致环境破坏、水资源短缺和气候紊乱的恶果。联合国可持续发展目标（UN SDGs）17条的大多数目标中都包含了对城市的可持续性、公平和环境"中和"（neutral）的规定。这是我们为人类和环境建立一个美好世界的最佳指南，并且几乎所有的目标都以某种方式与城市相关。而最重要的是，我们需要改变生活方式。这种消费社会模式不能再继续，因为它正在耗尽全球资源并使许多社区陷入贫困。例如，时尚行业占全球年度碳排放量的10%，超过了运输和航空业的总和，是仅次于汽车和技术行业的世界第三大制造业。① 我们自认为需要的大部分东西，包括小配件、衣服和休闲设备都被时尚所驱动，媒体和广告也不断向我们灌输去年的东西不再潮酷。我们需要重新审视并定位价值观，重新学会珍惜那些用心和技巧制造的东西，并尝试一直持续用到完全无法再用。

我们需要以公平、不依赖剥削的方式改善彼此之间的贸易方式。我们必须通过发展对土地的智慧管理来改变我们对待自然环境的方式。法律制度需要承认，归根结底地球才是我们的东道主。我

---

① 世界银行：《我们的衣柜对环境造成了多少损失？》，2019年版。

们需要新的经济模式来管理财富：银行应该促进商贸，而不是成为以赚钱为目的的机构。我们需要改变对增长的看法以及衡量的方法。GDP 模式意味着对永续增长的追求，而无视了生活质量。我们需要以无害的方式应用科学技术来改善所有人的生活，而不仅仅是对去年的时尚进行改良或是一心赚钱。

我们需要思考如何可持续地生活。"一个地球的生活模式"（One Planet Living）的概念由英国慈善和社会企业 Bioregional 开发，它提出可持续生活基于以下十项原则，而这些原则现在已被广泛接受：零碳、零浪费、可持续交通、当地材料、当地可持续食品、可持续水、自然栖息地＋野生动物、文化和遗产、公正和公平贸易、健康＋幸福。① 这已经是二十多年前产生的概念了！

一个可持续发展的城市应该使用所有可用的工具，使所有人都能方便取得产品、使用设施和服务，并更好地工作。智能技术必须尊重公民的隐私和权利，不应该针对个人或特定群体使用数据捕捉，并应该在严格的协议下使用；但同时因为智能技术能够为系统和网络设计人员提供信息，我们能够利用它来最大限度地提高效率和效益。归根结底，我们的资源、人力和物质资本是有限的，一个优秀的城市将会利用这些资源为公民带来最大的利益。如下所述，这些工具可以在所有活动中被利用来更好地完成工作，但它们应该仅仅作为工具，而不是成为创造性的替代品，就像计算机辅助设计（CAD）不会取代建筑师和产品设计师一样，它只是使他们的工作变得更容易。如果没有信息，大多数人就仅仅在没有了解他们行为所产生的影响的情况下消费——智能技术不仅可以帮助我们提高效能，还能够实现与地球平衡的生活方式。

---

① 生物区：《一个地球的生活模式》，2002 年版。

1.2　城市设计

我们设计城市的方式决定了我们在其中生活的方式。要积极应对当前的气候危机，城市需要在设计中着力采纳气候响应型城市化（climate-responsive urbanism），这能够创造可持续的城市，并防止使目前城市对气候变化的负面影响永久化。

通常来说，城市或是小而紧凑，或是占地庞大而不断扩张。当代城市主义倡导紧凑的城市更胜一筹，因为提供公共服务的成本会更加低廉；运输服务是典型的例子，因为在低人口数量的偏远郊区，提供公共交通服务通常不可行。无法普遍提供公共交通服务的扩张型城市往往会催生大量的汽车出行，并且会反过来造成交通堵塞和污染。城市的扩张还有另一个负面影响，即它经常会造成低收入群体的"贫民窟"，延续不平等与贫困。因为紧凑型城市可以提供广泛的服务，近几十年来这种模式作为正确的设计方法已被普遍接受。然而，一个几乎没有开放空间的紧凑、密集的城市会导致社会孤立，反过来还会导致心理健康问题。人们天生喜爱社交，不仅渴望人与人之间的互动，也需要与大自然的联系。公共领域和街道的设计方式影响了我们与邻里社区之间的关系；如果它缺乏美感、被交通严重占据、缺乏绿色基础设施并令人感到危险，那么居民就不会长久停留在本地区域，也不太可能去认识他们的邻居；高犯罪率往往与这种情况挂钩。在全球范围内，已经有数千个城市充斥着缺乏计划的权宜之计，它们不考虑城市设计或者人类生活，而最终变得功能失调、犯罪猖獗、不健康且缺少社交。城市设计需要关注人：供人们步行和骑行的街道，人们能见面、社交的公共开放空间，以及可以让人们放松的绿色自然空间。所有这些都是健康的核心。具有讽刺意味的是，庞大的扩张型城市也会面临健康问题，因为尽管人们可能有花园，但主要的交通方式很可能会是驾车，从而会导致运动不足。

紧凑型城市模式的关键论据之一是服务的高效和可行。通过使用智能技术提供按需服务以及集群活动来获得高使用率的经济，低密度城市能够在一定程度上克服其服务运行效率的低下。其重点必须聚焦在无障碍化，以及建立设施之间的连接，让人们无需汽车也能通达。了解大多数人去哪里（或不去哪里），利用这些信息为人们实际使用的场所进行良好的集中设计（即通往便利设施、公共交通、开放空间、公园和休闲设施的直接路线），并建立通往这些场所的良好连接。

有很多证据表明人类"天生偏好"[用美国生物学家 E.O. 威尔逊（E.O.Wilson）的话来说]接触大自然。因此，将自然融入城市是对人身心健康的基本要求。在城市中包含大自然，犹如生命亲和城市（Biophilic Cities）运动所倡导的，从根本上说是一个可持续发展的原则。虽然大自然和技术相比可能处于看似遥远的另一个极端，但是智能技术可以成为让公民访问绿色和蓝色基础设施的核心，尤其是在让人们了解大自然的运作以及生态系统对人类和地球的重要性作用上。

由于在未来几十年内我们可能会陷入气候危机，我们必然需要考虑能源的消耗和来源。即便是源于可再生能源的电力，也会产生一些碳足迹，并且需要基础设施来提供和传输电力（而所有这些都会产生各自的碳排放和对环境的影响）。我们的许多工艺流程和活动都会产生能源或产品的浪费，而这些浪费是可以被捕捉且被利用的。城市非常适合建立闭环和相互依存的系统，这样一个系统的废物可以在另一个系统中使用。本地的分散能源系统可以利用这样的机会，例如用区域供热网络来捕获废热并将其充分利用，比方说为家庭供暖。

为了实现净零排放，我们必须重新思考如何建造，以便于减少能源的使用。建筑物需要变得更加高效节能，而智能技术可以帮助搭建能够了解外部情况并及时调整的智能建筑。这不仅包括了建造新的节能建筑，也包含了通过提高性能来使旧建筑变得更加节能。此外，我们必须考虑我们实际使用的建筑材料。建筑物应顺应环境（即使用可再生、可持续来源的材料），其设计应实现"被动"的加热和冷却，而不是依赖于机械系统。这些原则也适用于运输系统。

现代城市一直在使用大量的混凝土、玻璃和钢铁，而这些材料都有着很高的碳足迹。我们需要考虑在建筑物上采用可再生、良性并且适合当地气候的材料：沙漠中带空调的玻璃塔、寒冷气候中供热过多的建筑物以及潮湿气候中的多孔建筑物没有任何意义，因为针对问题做补偿将不可避免地导致高能耗。

混凝土的使用在 20 世纪出现了毫无节制的增长。从表面上看，这可能没有什么问题：混凝土的原材料供应充足，并且似乎是惰性材料。然而，混凝土是仅次于水的在地球上使用最广泛的物质，如果将其生产过程的所有阶段计算在内，混凝土可以说占了世界二氧化碳排放量的 4%—8%，但其对环境的影响基本被忽视了。除了与生产相关的二氧化碳之外，混凝土还消耗了世界上近十分之一的工业用水。此外，在城市的人行道、街道、停车场，以及任何我们认为不应该有泥泞的地方广泛使用混凝土，是造成城市热岛效应的主要原因，因为它会吸收太阳的热量，并困住来自车辆尾气和空调装置排放的气体污染物。查塔姆研究所（Chatham House，一家英国的智库）和全球经济与气候委员会（the Global Commission on the Economy and Climate）预测，持续的城市化将使全球水泥产量增加到每年 50 亿吨，截至 2050 年将排放出 470 兆吨的二氧化碳。《巴黎气候变化协定》（the Paris Agreement on Climate Change）签署国均认为，截至 2030 年，水泥行业的年碳排放量应减少至少 16%。[①]问题在于混凝土的原材料几乎是无限的，而且它是一种十分容易且方便使用的材料，因此改变我们评估其影响的方式至关重要。混凝土还使用大量的沙子，其开挖和移除通常会对生态系统和自然环境造成破坏。不过它的替代品正在出现，有些比较"低技术"，有些较为创新。回过头来重新发现传统材料是有意义的，因为其中许多材料都是非常可持续的。传统的木材、夯土、竹子和草皮结构都可以进行"现代化"，以适应当前社会；并且新产品也正在出现，例如汉麻混凝土（来自汉麻纤维）、再生塑料和菌丝体砖块（来自真菌）。这将要靠设计和工程团队去认识材料的碳足迹，并开发更环保的建筑技术。

玻璃和钢铁的原材料也很富足，其提取、生产和交付过程相关的碳足迹也很高。全玻璃幕墙的建筑在温带气候下需要几乎不间断地冷却，这整个过程需要大量的能源。其能耗之大，以至于人们已经开始讨论禁止全玻璃幕墙建筑。而伦敦现在已经开始要求开发商对其建筑物的终生能源使用情况进行评估，才能获得规划许可。这被称为生命周期评估，需要检视温室气体排放和能源使用。WRAP（一家英国组织）分析了建筑行业的各个方面，并略举了如何实现碳排放和环境性能的改善。[②]

另一种广泛使用的建筑材料是铝。然而，由于将氧化铝转化为铝的冶炼过程要排放大量的二氧化碳（占全球温室气体排放量的

---

① 乔纳森·沃茨：《混凝土：地球上最具破坏性的材料》，载《卫报》2019 年 2 月 25 日。

② WRAP：《WRAP 的建筑环境计划》，2021 年版。

0.8%），并且其本身具有很高的能源需求，此工艺流程具有高度的破坏性。不过，一种新的工艺目前正在被开发，可以释放氧气而不是二氧化碳，这样如果冶炼的能源来自可再生能源，那么在未来它可能成为一种更能令人接受的材料。而铝确实具有生产后极易回收的优势。

据国际能源署估计，全球约 40% 的二氧化碳排放来自建筑物的建设、供暖、冷却和拆除，而来自空调的比例越来越大。自 2000 年以来，用于制冷的能源占目前使用的所有能源的 14%，占建筑物能源需求的 20%。[①]

我们未来的城市必须重新考虑如何建造和设计建筑物，并确保它们尽可能是被动的且实现碳中和，届时智能技术能够帮助有效调整内部环境并控制能源消耗。阿姆斯特丹的 Edge 大楼就是一个典型的例子。它具备了多个智能传感器以及用于温度控制的智能解决方案，被普遍认为是世界上最智能、最环保的建筑。[②] 智能技术在提供信息方面也具有重要作用。它可以建议适合使用的材料，并提出建议哪些材料很少见，哪些材料的"认证"不好，哪些材料很稀少。但是，材料的设计和选择，应该尽可能地确保建筑物能够在不依赖能源密集型的环境控制机械系统的情况下，被动地抵挡不宜人的环境条件。

需要记住的另一个重要方面是：城市建筑中很大部分是旧建筑，因此不一定具有好的能效。更好的绝缘、现代化的窗户、高能效的照明和供暖、智能的水计量和智能技术，都是提高建筑能源性能的关键。

---

① 国际能源署：《冷却的未来》，2018 年版。
② 汤姆·兰德尔：《世界上最聪明的建筑》，彭博社 2015 年版。

1.3　旅行与交通运输

交通运输对于人员和货物移动来说是一项重要、必需的活动——没有交通运输，城市就无法生存。然而，20 世纪的汽车革命对我们的生活产生了两个灾难性的影响——污染和交通堵塞。这是两个需要分开理解的独立问题。

据估计，运输占了全球二氧化碳排放量的三分之一左右。因此，未来的运输必须是清洁和高效的。智能技术在确保系统的高效和清洁方面发挥着巨大的作用。化石燃料车辆向大气中排放无形的毒物，其中主要成分是二氧化碳，它导致温室气体的增加，因此是气候变化的主要原因；另外，柴油（比精炼汽油污染性更强）发动机排放物中除了二氧化碳，还有高浓度的烟尘和细颗粒物，这些物质导致空气污染，这在大量集中使用柴油机的城市尤甚。目前，空气污染已被认为对人类的健康具有高度破坏性，并对癌症、心肺损伤以及精神功能造成影响。根据世界卫生组织的数据，十人中有九人呼吸的空气中含有高浓度的污染物。据估计，全球每年有 700 万人因此死亡。[①] 联合国可持续发展目标（UN SDG）的第三个目标致力于确保健康生活和增进福祉。确保未来城市的空气清洁将会是首先需要关注的问题。由于几乎看不见空气污染，我们依靠技术来协助监测空气质量。交通系统的电气化将有助于减少空气污染（尽管我们也必须考虑这种能源的"绿色性"），另外，使用氢燃料等替代燃料也可能成为未来可持续运输模式的一部分。

因为车辆堵塞了道路和公共空间，交通拥堵导致许多城市的城

---

① 世界卫生组织：《空气污染》，2021 年版。

市生活质量螺旋式下降。它还会导致压力和心理健康问题，并且在街道上停放的汽车越来越多，也破坏了城市街道的魅力。为了容纳更多车辆而无止境地扩大道路不仅丝毫不起作用，还会不断侵蚀人类的活动空间。一个舒适、健康的城市应该拥有便利、便捷、经济实惠的公共交通系统，同时也要考虑步行和自行车骑行。交通必须作为一个网络进行规划，其中需要包括景色宜人的步行路线和安全的自行车道。这些路线必须连接人们需要去和想要去的地方。

技术能够帮助提供现代合理便捷的解决方案，并且在未来几十年内很可能会出现能够吸引市民放弃汽车的新交通系统。这一点十分重要，因为即使清洁能源的电动汽车变得更易入手，也只会延续正在扼杀我们城市的堵塞问题。智能技术将在运输的各个方面发挥作用，从提供"移动即服务"（MaaS）、实时行程规划信息、公平的智能票务、空气质量信息、各种导航 App，到为维护人员提供相关信息。这个清单无穷无尽且会不断增长壮大。它能帮助完善网络，并引领城市的可持续发展。

2020 年新冠疫情显示旅行的减少带来了许多好处，例如变干净的天空和空气质量的改善，但它也强调了交通运输是一个社会正义问题：基础工种工作者必须工作，但他们的很大一部分来自低收入社区并且没有汽车，所以不得不使用拥挤的交通系统，因此面临更大的感染风险。在未来，随着城市发展而调整其交通系统时，必须同时考虑乘客健康安全以及人群的拥挤。显然，我们需要能实现净零碳排放的解决方案，但公共交通的吸引力和安全性也需要得到解决。当然，运输网络的所有组成部分必须让所有人都便于使用，无论他们的流动状态如何。对于大多数人来说，交通运输是取得工作和机遇的一个重要方面——如果没有交通运输，贫困社区就很难脱贫。

未来的城市交通设计需要创新，但非常重要的是要在其系统中融合步行和自行车骑行来创建无缝衔接的网络，使公共交通成为市民的首选。新的绿色低碳模式必须比开车出行更诱人，虽然路程时长曾经是关键的衡量标准，但现在有吸引力的、安全且经济实惠的出行可能会成为首选。届时智能技术和快速便捷的信息获取将发挥重要作用。

1.4 资源、废弃物与能源

自从适应了我们的栖息地以来，人类一直认为地球的资源是无限而取之不尽的，但我们正在意识到实际情况显然并非如此。基本上，从地球上获取的资源分为两类：生态或生物（植物、动物）以及惰性的非生物（如矿物）。我们的使用方法也可以分为两种类型：能够让其自然恢复的使用，或是将其永久耗尽。例如，森林可以在我们取用木材后恢复，前提是我们只取用了合理的数量，并且辅助重植树木的成长过程；如果这片森林中一棵树需要 30 年才能成材，那么如果我们每年只砍伐其 1/30 并重新种植，那么在可预见的将来，它就能够持续为我们提供木材。对地球上多种矿物的需求意味着，如果我们继续保持目前的开采速度，这些资源很可能会被耗尽。另外，我们还在生成能源的过程中分解化石燃料，将温室气体排放入大气层。如果我们要防止灾难性气候变化，实现净零的目标，就需要立刻控制这种消费；联合国可持续发展目标的第 12 个目标是确保可持续的消费和生产模式，并制定相应的目标和指标。

人类正在消耗中的地球上的生态资源，也超出了地球在一年内能够恢复的水平，换句话说，人们过着超出了其自然获益状况的生活。每年到达这一临界点的日子被称为地球超载日（Earth Overshoot Day）。1970 年的地球消耗勉强在此限度范围之内，但其后每一年，我们都在年期中越来越早地越过这一极限点；2019 年，地球超载日是 7 月 29 日。[①] 全球足迹网络（Global Footprint Network）已经建立了用来了解人类消费过度程度的工具。这些工具在帮助城市知晓并了解其性能上十分重要，而在使用这些工具时运用的智能技术，必将成为我们未来城市设计的重要组成部分。

地球超载日的测量适用于可再生资源，然而同时我们也在提取不可再生的有限资源。我们的许多破坏是看不见、意识不到的，而当我们发现问题时，往往为时已晚；水就是一个很好的例子。水是一种必不可少的资源，在发达国家，大多数人认为它"一直存在"，没有真正的价值。淡水仅占世界水总量的 2.5%，而其中一半以上是冰。因此，它是一种对人类生存和尊严至关重要的宝贵资源。一个人每天仅用于饮用的水就需要 2.5—3 升，如果加上烹饪、洗涤和卫生需求的话还需要更多。农业使用了现有水资源的 70%，并且在世界许多地方，井水的提取超过了地下含水层的恢复速度（有时可能需要数十年，甚至数百年或更长时间），终有一天会被抽干。而在许多地方这种情况已经发生了。比如说，曾经用于供应北京的水源已经干涸，因此现在必须从将近 1500 千米外的水源抽水。墨西哥城也是类似的情况：它虽然当初建城在一个湖泊上，但该湖泊已经被抽干，现在只能依赖从 100 千米以外的水源或非常深的地下井抽水。

而城市用水尤其奢侈，特别是在一些非必要的名头上，比如洗车和为草坪浇水。过度使用也可能影响依赖同一水源的邻近城市和社区。因此，为了实现公平公正的水资源分配，城市需要了解供需

---

① 全球足迹网络：《地球超载日》，2021 年版。

关系以及如何共享，并制定战略，将需求限制到当地实境下可持续和公平的程度。智能技术可以帮助人们和工业企业监控用水量，从而保持在城市的用水规划范围内。城市必须确保所有市民都能获得安全的饮用水和卫生设施；联合国可持续发展目标的第 6 个目标即要确保为所有人提供、管理饮用水和卫生设施。

我们也在使用消耗许多稀有矿物质，如磷和稀土元素。磷是一种重要的植物营养素，仅存在于少数几个国家；评估表明，按照目前的提取速度，其资源可能在 50—100 年内耗尽（除非有其他来源被发现）。用于风力涡轮机和智能手机的稀土矿物（如镉和氚）主要来自中国（97%），确切的储量尚不清楚。锂是可充电电池和太阳能电池板的重要组成部分，但很少被回收或再利用。随着可再生能源的普及，我们必须确保这些新开发的技术是真正可再生的，因为若其所依赖的资源将被耗尽，那么这些技术就无法成为解决问题的办法了。因此，如果我们随时能够开始使用这些替代技术和新技术，那么回收已有的资源十分关键。在未来，稀土元素和锂的回收应当妥善地结合进入产品的生命周期。城市应当能够开发用来追踪、回收这些资源的智能技术，而重要的一点是要理解这么做的原因。

大量的旧电子产品正在垃圾填埋场里越堆越多。所有这些物体都有与其制造和运输相关的大量碳足迹，导致土地、水和空气污染，并且通常对摄入这些污染或困在其中的动物有危害。很多废弃物都没有废弃的必要，能够回收再利用。城市可以通过促进工业产品的回收来提供这方面的帮助。

目前已经有许多重新利用货物的创新案例，例如 2011 年新西兰的基督城地震后，中央商务区几乎被摧毁，而全新的商店和咖啡馆运用了集装箱和木板建造，并且运用木托盘建造了新的公共空间。集装箱也被用于建造图书馆和其他社区使用的设施中。而互联网上充满了各种废旧物品再利用的灵感。关键是要去克服总想不停换新的欲望（这些东西通常仍然完全可以使用），并鼓励创新和物品的重新利用。如果要实现零垃圾填埋的目标，城市可以激励和支持这个过程，且在将来必须这么做。

食物浪费是一种富裕病，也是对自然的侮辱；据估计，全球被生产的食物中三分之一都被浪费了。我们将在下文中进一步讨论这一点。

我们需要为我们使用的资源付出正当的价格，并尊重为我们生产出这些资源的当地人民。大型跨国公司不该再将价格推低到不切实际的水平。城市可以通过帮助居民做出明智的选择来发挥自己的作用。智能技术可以标记食品和产品，并提供有关其真实价值和生态足迹的即时信息。与此同时，理解控制废弃物是每个人都需要做的事，明确宣传"减少，再利用，回收"也很重要。良好的城市治理可以促进向"接近零废弃物社会"的过渡，并通过便利的设施以及由智能技术驱动的系统来鼓励可持续做法。

如果城市要运作，对能源的需求就是一个基本的必要条件，但我们必须过渡到清洁的可再生能源。大多数系统的电气化被视为无害的，但电力的来源必须是可持续的。许多人认为核能是清洁能源，但在无法证明核废料被安全处置的情况下，就不能认为其足够安全。核聚变也被视为潜在的电力源，但尚未实现可行的供给运输。因此，在可预见的未来，我们的重点必须放在让可再生能源变得易于获取、经济实惠。目前也在提倡的氢燃料，因为它的生产是通过电解将水分解成氢气和氧气，相对较容易，而当使用可再生能源产生的电力供应超过需求时，可以使用这些多余的电力来生产。它能够被储存并用作燃料，例如，氢动力客车已经广泛投入使用，氢动力船也正在逐步投入使用。

然而，分散的能源供应和系统的整合需要变得更加发达，才能够使能源的生产和供应更高效。从一个工艺流程中捕获废弃物并进行利用，再为另一个工艺流程提供燃料，这种做法具有根本上的意义，并已经有了许多小规模样板。一个很好的例子是用污水的厌氧消化产生的沼气用作燃料。另一个例子是区域供热网络，使用其中一个工艺的多余热量加热水，然后用于为家庭供暖。联合国可持续发展目标的第七个目标是确保所有人都能获得可负担、可靠、可持续和现代的能源，因此，创新且经济实惠的解决方案需要成为能源战略的一部分。

1.5　粮食生产与安全

联合国将粮食安全视为一项基本人权。联合国可持续发展目标的第二个目标是"零饥饿"；其大标题为"消除饥饿，实现粮食安全和改善营养，促进可持续农业"。联合国粮食及农业组织（粮农组织，FAO）将粮食安全定义为："粮食安全指所有人在任何时候都能获得充足、安全和营养的食物，以满足他们的饮食需求和食物偏好，从而过上积极健康的生活。"能够可靠地获得、摄入和代谢足够量的安全营养的食物对于人类的福祉至关重要。粮农组织估计，在 2016 年，全球营养不良的人口达到 8.15 亿人；这一数字现在可能接近 10 亿，占全球人口的七分之一。[①] 随着人口以前所未有的速度增长，饥饿正在成为大型城市居民生活的一部分，但即使是在发达国家的小城市里，我们也看到了粮食贫困。

直到 20 世纪 70 年代中期，粮食安全的重点主要是生产更多的

---

① 联合国粮食及农业组织：《世界粮食安全和营养状况》，2017 年版。

粮食以及更好的分配，而今天关注的重点通常认为包含四个主要组成部分：可利用性、获取机会、利用率和稳定性。粮食安全的一个重要方面是理解和尊重文化习俗。然而，为了在不伤害地球的情况下养活全球人口，我们必须彻底改变农业做法、放弃集约化农业、放弃转基因生物（GMO）以及全球跨国公司控制的独霸，种植当地的和季节性的农产品，并且认识到每个地区传统作物的重要性。

在过去的几十年里，"食物里程"（food miles）不断增长；我们从全球的各个角落运来食物，以满足我们对非季节性、异国情调的"奢侈品"食物的胃口。食物相关的丑事还有更多，因为我们囤积的食物远远超出了我们的需求或食欲，然后就像前文提到的那样，最终扔掉了大约三分之一的食物。这引发了两个问题：一个是不可持续的需求，另一个是对粮食的不尊重。我们会这样做是因为不重视产品的真正价值，也不尊重将产品带到我们身边的过程以及生产它们的人。这种价值观的缺乏主要源于这样一个事实：由于主要靠超市驱动的人工市场（artificial market）的作用，我们为食物支付的费用太少，并且我们对于长途运输的影响以及集约农业对于环境的影响几乎没有什么了解。如果产品真正的价值、碳足迹以及其影响的成本反映在了支付的价格上，我们可能就不那么愿意浪费了。食物浪费源于一种观念，即我们想要的东西比我们真正需要的要多。怎样才是足够的？印度活动家与可持续和生态健全农业的倡导者纳妲娜·希瓦（Vandana Shiva）提及将"足够"（enoughness）作为一种公平原则，并谈论了如何在没有剥削和囤积的情况下享受自然的礼物。[1]

由于居住着全球大多数人口，城市成为农产品的主要消费者。

---

① 纳妲娜·希瓦：《我需要知道的一切都是在森林里学到的》，2019 年版。

当下的气候危机与全球生物多样性的丧失是紧密相连的。

可悲的是，农业综合企业正在全球范围内摧毁大片的森林，将其转用为放牧或作物生产，且经常会运用集约型农业的生产过程，在几年内就会让土地变得寸草不生。如果城市注重采购当地生产的可持续食品，并拒绝从不可持续的来源进口，就有助于扼杀这种剥削性和投机性的耕地做法。当然，这需要行为转变、强有力的政策与宣传活动，但我相信如果人们了解了他们的食物从哪里来、如何生产以及它与地球的关系，他们将逐渐扭转集约化农业和采购远方产品的潮流。通过跟踪我们购买的产品之来源和碳足迹，智能技术在为做出明智决策提供所需信息上发挥了巨大的作用。城市有责任通过良好的领导力去让这些改变成为现实。

很显然，若要恢复地球的生态系统（现在还为时不晚），城市将需要审视检讨其获取和种植食物的方法和地点，然后才能实现净零碳。一个智慧的城市应该制定相应的政策和系统来监控食物来源及其碳足迹，并专注于在城市附近甚至城市内尽可能多地生产食物。这可能意味着改变目前的做法后，随时随地唾手可得的产品会有所变化。这并不是说我们不能拥有从遥远国度运来的奢侈品，而是意味着我们应该为其支付相应的、真正的价值，而更高的成本将不可避免地抑制对非季节性和异国食品的需求。城市农业可以轻松地满足城市食物需求的很大部分。本地的食品畜牧业将创造就业机会，并为我们提供对人类福祉至关重要的与大自然的联系。城市农业也有助于减少城市的热岛效应。

如果食物可以在城市附近或市内采购到，食物供应中断时（与天气、社会动乱或内乱，以及2020年新冠疫情等灾害或事件相关）对粮食安全和恢复力的影响能够最大限度减小。农业需要改变从由集约型工业企业控制的系统转变为基于传统和多样化的作物、树木和牲畜的"农业生态"（agro-ecological）方法。这种变化若能发生，最有可能的将是在小农户的农场中。如果农业转向以服务当地人口为基础的农业，城市与其腹地之间的关系将加深。如果一个城市的食物生产尽可能地来源于它的近郊地区，那么不仅这些食物的里程数低到可以忽略不计，而且在动荡时期，食物也会是新鲜易得的，并且农场也将创造就业机会。了解环境与经济之间的关系是制定可持续解决方案的关键。

良好的当地食物生产也可以是高效和高产的，尤其是在采用良性循环系统的情况下，如永续农业（permaculture）①。永续农业是一种以伦理、设计和科学为基础的方法，旨在使农业更具可持续性。其目的在于恢复土壤健康，减少并节约用水，将废弃物纳入生产循环，并让人们参与种植粮食和提供就业机会的过程。它旨在关爱地球、养育人类、减少消费并促进资源的公平分配。它着眼于寻找自然界与传统耕作方法之间的相互依存关系，且与自然界一样，技术和过程是广泛而多样的。从本质上讲，它是一个整体的"闭环"系统，将工艺流程连接在一起并重复利用所有的副产品。

全球各地都引入了永续农业倡议，帮助许多贫困社区变为成功的食物生产者；这些独立的生产者不受农业综合企业的压力，并根据他们当地特定的环境和气候进行适当可行的生产。随着时间的推移，这个过程可以恢复因集约化耕作、肥料过度使用，以及因单一作物种植而失去生机的土壤。它还可以通过减少有毒径流来恢复当地的水道，并通过节约用水来减少取水量以补充水道。通过与城市中的社区团体和农贸市场合作，永续农业农场可以提高人们对于可持续的食物生产对地球健康重要性的认识和理解。智能技术可以帮

---

① 或译"朴门永续设计""永耕"。——译者注

助公民理解自然、生物多样性与食物之间的关系，并提供教育和建立与当地农村的联系。

农业是一门几千年来通过经验和证据传承下来的科学，但现代科学已经解释了土壤健康的重要性。种植覆盖作物的手法是构成良好耕作和避免使用肥料的重要因素。种植覆盖作物不是为了收获，而是为了在农业生态系统中管理水土流失、土地肥力、土壤健康，以及水、杂草、害虫、疾病、生物多样性和野生动物等。

城市农业作为一个概念一直在流行，特别是因为人们认识到照管种植粮食对社会健康和心理健康的益处。但这个概念其实并不新。早在20世纪90年代，古巴哈瓦那在苏联解体后处于饥饿的边缘，因此他们将每块空地都拿来种植蔬菜；据说，最后其生产能满足92%的需求。[1] 一个可持续的智慧城市应该思考如何在城市内生产作物，特别是在公园、屋顶和阳台上。食品生产也可以与材料的回收相结合。

技术可以用来克服本土的局限问题。新加坡作为一个100%城市化的城市国家，农业用地有限，不得不开始"向上耕作"。它的大部分粮食必须进口，但他们希望这种对外部的依赖能够减轻。名为天空牧场（Sky Farms）的这项举措被称为"世界上第一个低碳、水驱动、旋转的垂直农场（Vertical Farm）"。它是高科技农业的终极目标，旨在推广环保的城市农业技术。它由一系列铝塔组成，高达9米，装有在由水驱动的垂直输送带上缓慢旋转的生长槽。植物在上升过程中吸收阳光，在下降过程中浇水。水被回收并最终用于浇灌作物。每个塔只消耗相当于一个灯泡的能源，整个系统不产生污染。设计师希望的是能在高楼的屋顶上安装此系统，由居民自行管理操作，甚至能产生一些收入。他们也希望这种形式的城市农业将有助

---

① 联合国粮食及农业组织：《拉丁美洲和加勒比城市和城郊农业》，2017年版。

于加强新加坡对于气候相关破坏造成的潜在粮食短缺的恢复力。

在伦敦，垂直农业也以另一种形式发展了起来。向上生长城市农业（GrowUp Urban Farms）最初被建立在重新利用的集装箱中，他们随后围绕鱼类养殖以及基于水培、高产的垂直堆叠植物生产开发了其一整套业务。来自鱼缸的水含有鱼类的排泄物，他们使用这些水来为植物提供养分，而植物依靠全年使用 LED 照明种植。该公司为伦敦和当地的餐馆提供当地生产的食物，从而避免了长途运输的碳里程。

最后，城市的治理不可避免地对公民的健康负有责任，而这与饮食直接相关。一个需要解决的问题是那无言的杀手——糖。自从 17 世纪、18 世纪和 19 世纪的奴隶贸易和制糖业的出现以来，人类这个物种已经对糖上瘾。我们的大部分快餐和饮料中都含有糖；它令人上瘾，增加食欲，我们因此吃得更多。这导致了肥胖症的"大流行"。在甘蔗种植园和廉价糖出现之前，糖是用甜菜或蜂蜜等当地作物生产的；而最重要的一点是，当时人们对它的摄入是适度的。了解我们摄入食物的成分很重要，而智能技术可以轻松实现这一点，并成为我们日常监控的一部分。

良好的治理还可以围绕动物福利的质量来建立食品道德和标准，这最终会与我们对环境的尊重相关。联合国可持续发展目标的第 2 个和第 15 个目标是确保消除饥饿和粮食贫困，并且在与自然环境保持平衡的情况下进行。

1.6　环境管理、道德义务与法律

我们完全依赖自然世界，它是我们的家园，所以我们需要看护它；但它同时也是数百万其他物种的家园，所以我们有道德责任保护它免受肆无忌惮的破坏。虽然我们可能以为城市之外的东西才是环境，但城市的活动严重影响着环境。截至 21 世纪中叶，预计全球 70%—80% 的人口都将居住在城市，而地球上生产的大多数东西都由城市居民使用消费。城市是全球 70% 的二氧化碳排放量、环境和水污染的罪魁祸首。如果我们想让自己以及地球的生态系统存活下去，我们需要保护大气层、水和环境。我们也知道生态系统本质上是相互关联的，若破坏其中一个生态系统，我们很可能会同时破坏其他的生态系统。城市在影响行为和保护地球方面发挥着至关重要的作用。我们面临的许多与环境相关的挑战来源于我们的贸易方式，为了追求短期利润，我们采购材料时通常不考虑对环境的影响。城市的需求越来越多、越来越便宜，这是市场经济的直接后果。市场经济的基础是通过毫无顾忌地收集一切东西来削弱竞争，而不考虑后果。城市需要树立起自己的道德责任，并致力于环境保护、净零碳排放，以鼓励以真正可持续的生活方式为荣。

自人类诞生以来，地球就在被剥削利用；人类世时代对生态系统、海洋和大气层造成了无休止的破坏，其后果最终将影响我们自己。出现这种情况的部分原因是缺乏保护地球的法律制度，另一部分原因是，即使是在有法律系统的地方，他们只考虑在财富和经济进步上对社会有益的东西。城市应该而且必须承担起保护非城市土地的责任；城市可能是这些土地的受益者，但同时在其被破坏时遭受影响。联合国 1998 年通过的《国际刑事法院罗马规约》(The Rome Statute of the International Criminal Court) 最初计划加入一个关于危害环境罪的章节；但最后没有解释理由就被删除了。不过，目前仍有强势的运动旨在将生态灭绝罪（破坏自然栖息地罪）纳入其中；在苏格兰律师和环保主义者波莉·希金斯（Polly Higgins）

的大力倡导下，目前反抗灭绝（Extinction Rebellion）组织和其他活动家和游说团体也已经开始进行这项运动。基本上，现行法律不承认任何高于自身法律的权威，破坏环境的投机者也不担心受到多严重的起诉。生态灭绝罪意味着犯这项罪可以像战争罪一样受到审判。但愿城市（及其所处的国家）在未来能够签订下更强有力的环境保护法律约定。我们需要加强法律制度来为我们的"地球母亲"考虑。智能技术可以帮助我们保护生态系统，并提供信息让我们更好地了解我们的行动会产生的影响，并在事后持续监测这种影响，以便我们不断学习和改进我们的做法。

生态灭绝指的是对整个地球造成灾难性的、潜在不可逆的破坏，但也存在破坏性较小的损害，例如对当地的水、土地和空气质量的污染。城市必须停止一切污染，与自然和谐相处，这既有利于居民的健康，也有利于地球的健康。生命亲和城市运动旨在增强和改善城市内部的自然环境。其重点主要是为城市内的人们提供接触大自然的机会，最终使我们更好地理解我们与大自然的关系及对其的依赖性。

保护城市内部和周边地区的环境需要强有力的政策以及对问题的充分理解。健全的政策可以通过良好的设计确保城市的基础设施是可持续的。可持续的城市排水系统可以捕获并过滤建筑物和街道的雨水径流，保护地下水供应免受污染。减少水的吸收和污染对于城市也很重要。良好的废品收集和回收政策将有助于减少垃圾填埋，并再利用我们丢弃的产品中的隐含碳。空气质量至关重要，目前许多城市的空气质量非常差，例如伦敦的空气质量经常低于欧盟标准。空气污染有许多来源——汽车和建筑物供暖的化石燃料燃烧是主要来源，但也有来自我们的许多建筑和制造工艺的颗粒物。健全的治理和政策（以及政策违反的惩罚）对于保护环境也十分重要，并且智能技术可以帮助公民理解这些事情的重要性。

1.7　循环经济

我们需要新的分享财富的模式，以造福本地社区。我们需要以良性的方式关注科学和技术进步，以改善所有人的生活，而不仅仅是为了满足人们的好奇心或赚钱。目前的经济模式是以竞争为基础的，通过更便宜的销售价格超越竞争对手。这主要是通过减少对人力和自然资源的支出来实现的，而这会导致这些人群被留滞在贫困之中，也得不到公平的补偿。此外，生产中心周围的许多社区并没有从他们所创造的财富中明显获益，因为这些财富几乎注定是要离开该地区，为远程股东赚取红利，而员工和供应原料也通常来自该地区以外。

不过，有可能发展出有利于当地人民的替代经济体系，并保持当地创造的大部分财富。通过创造"循环"经济，实施公民参与、雇用当地居民并在当地采购大部分物资，利润可以返回给当地的社区。这种想法的核心是追求民主管理的复兴，本质上是一种自下而上的基层经济方法，而不是无处不在的自上而下的剥削模式。

转型城镇模式（The Transition Town Model）始于21世纪初的英国，其基础是优先考虑、创造和保持当地财富的原则，社区最终可以因此受益于更好的设施和服务。目前这种社区财富建设模式越来越受欢迎，并且成为一场全球运动。慈善机构转型网络（Transition Network）开发了 REconomy 项目。该项目为本地团体建立转变当地经济的能力提供支持，帮助他们获得信心，建立有效的伙伴关系，获取信息，并设想出各种富有想象力的开展方法。这为当地塑造了快速恢复的能力，并提供了可持续、公平和以福祉为基础的贸易交易系统。

另一个例子是美国克利夫兰的常青合作倡议（Evergreen Cooperative Initiative）。这是一项由民主合作社（Democracy Collaborative）牵头，以马里兰大学为基地的研究计划，旨在研究民主城市复兴以及社会和经济的不平等。民主合作社提倡公民参与，并通过与当地社区的接触和加强当地财富建设战略的政策，按照公正、公平和可持续的原则重建社区和地方经济。他们与各种传统筒仓合作，帮助将常青设计为一个试点项目，展示了社区领导的工人合作原则如何在当地主导机构的支持下，为当地被剥夺权利的社区带来可持续的就业机会，将经济发展建立在所有权民主化的基础上。

常青合作社成立于 2008 年，旨在促进经济包容并解决克利夫兰的极端贫困问题。尽管该市有几家成功的大型企业，包括克利夫兰诊所（Cleveland Clinic），但这家富有的医疗企业习惯于依赖外包服务和从市外购买物资。常青合作社的目标是改变本地机构的文化和做法，让他们使用当地服务，鼓励社区财富建设以及环境和社会的可持续性。他们没有使用公共补贴，而是去催化由雇员拥有的新企业，然后培训当地居民从事新的工作。

我们的银行系统也存在问题。从最初的必须以更高的利率偿还个人贷款的系统，已经发展成了一个全球性的对不同的汇率系统加以操纵和利用的系统，而这为精明的交易者带来了数百万美元的分红。社会所忽视的是，银行是为了社会便利、保持财富安全、方便购买、稳定现金流损益所设计的机构，这样企业能够发展，人们也能在初始投资得到回报之前就建造并享受他们的房屋。创立银行的初衷并不是为了让一些人只点点按钮就能赚到多得过分的钱财。银行应该帮助社会和社区有序地管理贸易、发展进步。2008 年的银行业危机展现了全球金融是多么的不稳定。回归更具合作性并注重本地利润分享的银行体系，不仅会更具有发展弹性，而且能将利润明确地分配给地方项目，以造福社区。

智慧城市应该考虑将当地财富引导回社区的机制，智能技术可以在当地的经济转型中发挥巨大的作用，引导人们做出有利于社区的选择。智能银行卡可以确保本地资金留在本地，手机应用程序可以提供信息，帮助人们作出对自己和当地社区有利的选择。应用程序也可以帮助公民作出有利于当地经济的更合理的消费选择。

1.8　生活方式、选择与治理

我们必须相信，一个更美好的世界是可能的，并且这需要我们去解决对人和地球的不公正做法。这意味着要认识到实践和生活方式的选择需要改变。发达国家被锁定在了以消费者为基础的价值体系中。你买得越多，你拥有得越多，你更新替换得越多，你就应该感觉越好。当代价值观主要由广告和媒体驱动。我们已经成为一个只会重视新型的、刚推出的和最时尚的东西的社会。这不仅包括我们的衣服（由始终试图操纵我们品味的时尚产业强加给我们的，不仅是逐季，而且是逐月），还有冗余的产品设计，促使人必须在短时间内换新。

如果我们要停止剥削地球的生态和有限资源及其居民，我们需要专注于高质量且持久的东西，并为一件商品生产过程中涉及的所有资源（生态的、有限的和人力的）支付真实的相应价格。我们需要将我们的价值观从数量转向质量，从最新的玩意儿转向能够长期维持我们需求的东西。在实现几乎同样功能的情况下，认为我们还需要每年用新的产品替换去年的型号是根本不可取的。时尚行业也开始向着更可持续的价值观过渡，一些高端品牌现在也宣布他们将不再同时生产多个（通常是双月度的）系列。在拉丁美洲，时尚产业正在探索利用该地区的生物多样性来营销可持续品牌的可能性；例如 Hilo Sagrado 和 Evea 等品牌正在组织活动和联盟，以促进人们购买对环境友好的服装和配饰。①

如果不理解我们在购买什么，就不太可能很快发生改变。然而，如果我们用一点创造力来"焕新"去年的衣服或配件，如果我们在它们坏掉后拿去修理，如果我们只购买真正需要的东西，如果我们将思维转向对质量的注重，如果我们愿意购买二手货，如果我们捐赠不再使用的东西（而不是扔掉它），那么我们就可以摆脱这些消费循环并大规模改善个人环境和社会"足迹"。这些变化可以适用于生活的各个方面；这是关于转向一个更适合地球的生活方式。我们必须抛弃一次性使用的社会。城市应该抓住机会去促成这些变化，而智能技术可以让这一切变得更容易。这种变化并不意味着我们必须放弃我们目前所享受的一切；只是需要重新定义我们对事物的价值；如果这比现在贵得多，我们将不得不把它们当作奢侈品。

我们获得商品的方法也是一个问题。互联网使我们几乎可以立即获得我们想要的任何东西，并且使我们在网上购物激增，无论是商品还是餐饮，都为道路带来了新的压力，每天货车都要多次送货到家门口，而这些车辆绝大部分又注定要原路返回，从而产生更多的车程。这些新增的车程正在给我们的道路和城市中造成拥堵、污

---

① 世界银行：《我们的衣柜对环境造成了多少损失？》，2019 年版。

染和干扰。我们需要减少运输里程，并制定替代做法。我们可以鼓励人们从他们必经之路的储物柜中收取包裹，例如超市或交通节点。类似的方法也能用在回收上；比起挨家挨户回收废品（这产生了很高的运输里程），可以鼓励人们将回收品带到收集中心。毕竟，如果能去超市买菜并带回家，他们就可以在去购物之前将回收物带出去，而不是空手出门。

创建可持续城市的很大一部分也是关于社会公平、社会正义和为人们创造过上充实生活的机会。联合国可持续发展目标的第10个目标为：减少国家内部和国家之间的不平等；第16个目标为：促进和平和包容的社会。同时联合国也制定了有助于调整社会不平衡的目标和指标。城市是这些目标的核心。以上讨论的大部分内容都是关于如何使用资源以及管理生活的方式将会产生的影响。然而，在每个社会中都有那些难以发声、难以自己争取权利的群体。城市必须努力试图保护弱势群体。社会正义必须成为任何可持续发展城市的核心目标，而这也在可持续发展目标的两个条目中被提到。各国政府和社区必须共同努力，消除对弱势群体的人口贩卖、暴力和剥削。如果相关机构和福利组织能够共同努力，做到公开透明，这种现代罪恶一定能够被消除。强势的公民参与具有控制社会中的错误和不公正的力量；在社交媒体的帮助下，良好的治理有可能促进这种参与，并扭转对于现状"眼不见心不烦"的文化。

在人道主义方面，国际妇女争取和平与自由联盟（WILPF）向来在倡议争取对武器销售进行管制，以控制无管制的全球武器销售对基于性别的影响以及武器使用对弱势平民人口的影响。为此，挪威 WILPF 宣布成立一个新的国际人道主义法中心（Centre for International Humanitarian Law），这将加强执行拟议的《武器贸易条约》(Arms Trade Treaty) 的努力。① 充实的生活方式的一部分必须是让人们能够保持工作与生活的平衡。一个可持续发展的城市应该能够整合生活的各个方面，通过提供基础设施和流程，比如良好的交通、公共领域、社会和文化设施、健康和儿童保育的服务，以及尊重我们环境的做法。

1.9　结论

若要维持我们的星球和未来，我们必须学会更明智、更美好地生活。当升级和更换时，我们必须进行更好的重建。我们需要更简单的生活方式并减少消费主义。联合国可持续发展目标是迈向更可持续未来的最佳指南，但需要我们对做事方式进行重大的改革。新冠疫情清楚地向我们展示了我们对地球的影响以及社会中的不平等。当下城市需要学习并利用科学证据来抓住机会，发展更好的系统。

城市设计必须侧重于创造促进低碳生活方式的基础设施建筑，以及被动响应气候条件的建筑物。最重要的是，公共交通系统需要比使用汽车更具吸引力，街道的设计需要便于人们步行、骑行或只是在附近悠闲散步。

城市切实需要健全的经济来提供服务和就业。一个城市的经济应该关注其公民的利益，把财富留在当地。"多少才算够？"是一个关键问题，与我们衡量美好生活的基准有关。我们必须从对 GDP 和永久增长的追求转去考虑每个人的基本需求，否则我们将永远无

---

① 国际妇女争取和平与自由联盟：《挪威国际人道主义法新机构》，2013 年版。

法消除贫困。归根结底，当人们理解其生活方式的影响时，他们就会得到这个问题的答案。可持续的环境管理应该成为所有政策的核心。政策应着眼于整体，推动我们改变对地方和全球未来关系的设想。英国经济学家凯特·拉沃思（Kate Raworth）提出，我们需要一种新的经济思维方式来适应未来的任务；她提出了甜甜圈经济学（Doughnut Economics），认为这是一种可持续的经济模式，能够平衡人类的基本需求和地球的边界线。

良好的、对社会负责的治理是推动变革和建立可持续生活方式的基础。变革需要与社区合作，而善治可以帮助培育强大的社区。联合国可持续发展目标提出了一个好城市需要考虑的所有方面，以引导它们走向可持续社区；在这种社区中所有人都有平等机会追求梦想，赚取足够的薪水来养家糊口，并享受城市带来的丰富、健康的生活环境。

引用凯特·拉沃思的话来说：

> 许多人无法满足基本需求，而我们却对地球上一些最关键的生命支持系统施加了压力；这些系统正在推动气候变化和生物多样性的崩溃。在未来 50 年内我们对地球的所作所为将创造接下来的一万年。我们需要用平衡的繁荣来取代 20 世纪无休止增长的目标。[1]

最后，引用简·古道尔（Jane Goodall）的话："对我们的未来最大的威胁是冷漠。"

---

[1] 世界经济论坛：《这就是为什么世界从新冠肺炎疫情中的复苏可能看起来像甜甜圈》，2020 年版。

参考文献

1. Biophilic cities, connecting cities and nature. Island Press. 2020. https://www.biophiliccities.org.

2. Democracy Collaborative. 2020. https://democracycollaborative.org.

3. Evergreen cooperatives, transforming lives and neighborhoods. 2020. https://www.evgoh.com.

4. Goodall, C. *What We Need to Do Now*. Profile Books, London. 2020.

5. Global Food; Waste Not, Want Not. Institution of Mechanical Engineers. 2013.

6. Meadows et al. *Limits to Growth: The 30 Year Update*. Chelsea Green Publishing. 2004.

7. Sachs, J. *The Age of Sustainable Development*. Colombia University Press. 2015.

8. Sala et al. *Global Food Security*. Elsevier. 2019.

9. Shiva, V. Seeds must be in the hands of farmers. *The Guardian*. 2013.

10. A movement of communities coming together to reimagine and rebuild our world. Transition Town Network. 2020.

11. Watts, J. Concrete: The Most Destructive Material on Earth. *The Guardian*. 2019.

12. Ween, C. *Future Cities*. Hodder & Staughton. 2014.

第二章

城市的弹性与智能之间的相互作用

帕里萨·克洛斯

2.1 引言

毫无疑问，对于正在快速增长的城市来说，技术和大数据可以帮助其应对快速城市化带来的不可预测的变化和挑战。

通过把技术整合进城市的关键基础设施，我们能够创建智慧的、响应迅速的城市。一些基于技术的解决方案可以应用于建筑物以提高能源效率，例如智能外墙、遮阳系统、材料等；另外一些可以在城市区域中应用，例如可以吸收空气污染的外墙、管理交通拥堵的应用程序等。

此外，技术工具还可以帮助城市更好地识别其面临的挑战，并在复杂且具有不确定性的环境中进行沟通、准备和危机管理。例如，为了采取更好的行动来适应城市气候变化，可以为城市开发一个"气候3D模型"，以（1）记录城市气候压力的现状；（2）预测未来规划时机的改善潜力；（3）通过将新建筑放入模型来评估其对周边地区的气候影响；（4）作为颁发施工许可证的几个依据之一。

尽管进行技术配置的潜力很大，但一些城市仍将面临诸多挑战，这些挑战仍然是人们关注的核心，使得技术的使用变得困难。因此，本章的主要目标是探寻以下主要问题的答案：

（1）仅创建一个纯粹的智能系统并依赖技术是否会使城市具有弹性？

（2）技术能够应用于世界上的任何一个城市吗？

基于本章的目标，我们将讨论城市的智能与弹性之间的相互作用、城市在发展智慧城市时面临的障碍以及成功因素。

本章的说明都基于作者从世界各地几个城市吸收的经验和观点。

2.2 智能与城市的弹性

智慧城市是集智能规划、设计、建设、管理、监控和维护以及智慧公民①和治理的综合成果。当我们讨论智慧城市时，我们首先想到的是数字化城市。这种城市会将信息技术整合到一个或多个基础设施中，以改变生活并提供舒适性，例如根据气候条件自我调整以节省能源的智能建筑物、记录和监控城市每个角落的犯罪行为的无人机、自动驾驶汽车等。东京和旧金山等一些城市正试图将自动驾驶融入其城市环境（While et al., 2020）。

同时，适当的技术工具正被运用在这些地方：与不同的利益攸关方更好地沟通，进一步了解和识别当前的挑战，并通过大数据分

---

① 智慧公民：一个有数字相关知识的人，利用技术的优势参与到智能城市的环境、解决当地的问题并参与决策。——译者注

析这些挑战及其与各个部门的关系，以及决定优先顺序并执行应对危机的最佳措施。就此而言，作为一种辅助工具，技术可以在一个非常复杂的系统中使知觉挑战的过程变得容易和便利。它可以分析大数据、提取其中有用的数据并告知我们系统中的任何故障和不确定性（如果没有它，我们可能压根无法发现这些问题），并预测系统中可能发生的变化，例如极端气候条件和自然灾害。最近，已经开发出能够在海啸发生前 10—15 分钟立即警告濒危地区的多项先进技术，可以大大地减少损失，尤其是伤亡（Abhas et al., 2013）。

但是，作者认为智慧城市不仅仅是去部署技术。它远不止如此。不管是在治理城市的地方当局做每项决定和行动的过程中，还是在其中生活、与之互动的公民，都应该具备相应的智慧。不明智的决策和行动可能会使一个仅在硬件上智能的系统失败。因此，我们的思考不应该停止在仅仅将技术整合进系统。许多研究已经证明，一个没有智慧公民和政府的智慧城市无法长久持续（Stelzle et al., 2020; Kreijveld, 2019; Schuler, 2016）。

我们应该用更好、更明智的方式审视、反思、重新安排治理结构，以避免任何延误，导致大量其他的难题发生。此外，关于智慧城市发展的激进政策需要纳入立法，这样任何新政府都无法轻易改变。在一些国家每四年就会换一次政府，并有能力完全无视前任政府采取的有利行动。一个思维模式完全不同的新政府（例如，不将气候变化列为需要采取对应行动的优先事项），可能会对前任的成果产生负面影响，从而使城市再次陷入困境，并造成在这四年或（在连任的情况下）更长时间中面临限制和阻碍。

此外，仅仅将技术注入城市而不考虑生活的其他方面，如社会行为，并不是智慧城市发展的适当方法。明智地实施一系列行动以提高公民的能力，并将他们的生活方式和行为转变得更具弹性，将是提高城市智慧和弹性的一大步。

无论是不是一个智能系统，城市的本质是极其复杂的。它们由不同的实体组成，其间有着非线性、不可预测和视觉上缺失的关系。这些联系必须强大到能够承受系统中出现的任何冲击而不会崩溃，这包括自然灾害、政治不确定性、国际冲突等极端事件的发生，以及大流行病。

事实上，该系统必须能够抵御任何危机。由于其特性（坚固性、冗余性、多样性、灵活性和响应性），一个具有复原力的城市能够承受灾害的影响，而不会造成重大损害或功能损失。它可以吸收干扰以预测、准备、响应，并从冲击中恢复（Sharma & Chandrakanta, 2019; Abhas et al., 2013; Otto-Zimmermann, 2011; Tyler et al., 2010）。这可以通过部分由技术支持的多个长期、中期和短期的战略来实现。

一些专家认为弹性是智慧城市的一个特征。但作者认为，在智慧城市中弹性是必须被创造的；否则它们将非常容易受到攻击，比如网络攻击等。哈利法（Khalifa, 2020）提出，智慧城市对国家安全构成了许多威胁。通过提高网络弹性，城市的准备状态、响应性和创新的能力也将得到提高。即使面临攻击，数据和安全弹性可以确保系统的运行。因此，必须使智慧城市具有弹性，但这并不意味着智慧城市本身就具有弹性。随着城市对技术依赖性的增加，对潜在信息和通信技术的攻击急剧增加（Townsend, 2013）。城市可能更智能，但如果没有网络修复力，物理和数字危机可能会更加严重，而造成的冲击可能会持续到前所未有的程度。

不可否认的是，智能数字技术对于打造弹性城市是非常优异的助手。但是，仅仅创造一个纯粹的智能系统并依赖技术，能使城市具有弹性吗？

作者认为，城市不能仅仅依靠基于技术的解决方案或技术工具来保有调适能力。为吸引公众并提高公众参与准备的平台、高水平的基础设施，以及公民、当局和城市的能力提高，对于应对灾害也至关重要。

发展城市的弹性和智能，需要能够获取广泛的高质量数据以及良好的工具和技术。事实上，数据和工具是互补的。如果没有高质量的数据和良好的工具技术，几乎不可能进行有效的分析并取得良好的结果。

城市是数据——所谓的"大数据"——的矿山。具体来说，在数字化水平较高的城市中，系统中的每一个动作都能被追踪。城市中的所有东西都留下了大量的数据，通过使用和分析这些数据，我们能够做出更明智的决策（Marr, 2015）。例如，建筑物中的能源消耗，以及公民的行为可以被记录跟踪以发现问题。

相比数据的量，数据的价值更重要；有价值的数据可以为城市发展提供独特而强大的见解。我们必须识别、分析这类数据，以帮助我们做出明智决策。事实上，对高质量数据的利用等同于创造价值。

2.3　城市与数字化

世界正在走向数字化。城市不可能免于这种演变。大多数城市迟早都必须跟上这种趋势，以防被世界其他地区孤立、隔绝。但是技术能够应用在全世界各地的所有城市吗？

作者认为，在一定程度上，根据整个系统的能力实现城市的数字化是有益的，例如基础设施升级、为公民提供舒适的生活，而不是开发依赖于数字系统，或是缺乏身份、性格以及归属感的机器人城市。

我们也应该考虑，由于基础设施老化、预算限制、知识和技能的缺乏、数据缺失等诸多障碍，并不是全球所有城市都准备好大规模甚至小规模地部署基于技术的解决方案。例如，由于基础设施的不足和老化，未规划区域的基础设施数字化存在潜在的危险。在这些领域，创新、具有成本效益的和基于社区的措施要比基于技术的干预措施（例如使用太阳能电池板生产能源、电动汽车和智能家居系统等）对解决难题的影响更大。不过，建模和模拟软件以及卫星图像等技术工具可以为这些领域提供巨大的帮助，使我们能更好地识别挑战，并沟通、准备和管理危机。因此我们应该铭记，基于技术的解决方案并不普及。一些城市有着特殊的环境，使得基础设施的数字化变得困难。

我们应该首先确保基础设施、公民和当局准备就绪，再进行系统的数字化。然而，根据城市的背景和特点，仍然存在许多障碍与限制。为了明确地解释现有的障碍，我们根据城市的数字化水平将城市分为三类：

（1）完全数字化的城市：完全依赖技术的城市。到目前为止，还没有一个城市将技术完全整合进其系统。因此，这一类别将不属于我们的讨论范围。

（2）部分数字化的城市：开始将信息技术部分整合到基础设施中的城市。他们一步一步地扩展并更新他们的系统。在这些城市中，平台已经准备就绪。政府、公民和基础设施也都做好了准备。分配给智慧城市发展的预算也已到位。他们不断研究潜在的能够结合信息技术的领域，以促进城市生活，同时将其系统升级到更高的水平并同步未来发展。

武汉是计划改造成机器人城市的城市之一。他们将自动化整合到了他们的城市环境中，例如自动驾驶出租车、邮政机器人等。该市致力于在城市内开发机器人行业的枢纽，并计划在不久的将来在国家乃至全球获得影响力（Daniel，2018）。作为抗击新冠疫情中有组织活动的一部分，中国的另一项成就是使用无人机和机器人远程配送食物（Block, 2020）。

虽然智慧城市提供了许多好处，但"服务器农场"（Server Farms）对环境产生的负面影响也已成为这些城市最重要的问题之一（Whitehead et al., 2014）。其中一些影响包括了服务器的大量能源消耗、人为热量的产生、城市热岛效应的增加、自然资源的减少等。但一些研究也表明，智慧城市可能有助于减少温室气体排放量（Alhassni, 2020）。

（3）非数字化城市：这类城市群体也被细分为两类——希望数字化的城市和不希望数字化的城市。

① 其中一些城市希望将其基础设施数字化，但由于各种社会经济障碍暂缓其开展（Veselitskaya et al., 2019; Rana et al., 2019）。这些障碍包括缺乏预算、缺乏数据、缺乏知识和技能、基础设施老化等，未规划区域占地面积比例较高的城市是这类城市的典型。在这种情况下，最好的推进方法是从能力建设开始，为平台做好准备并培训所有利益攸关者，同时发展金融机制，以吸收预算，并根据系统的能力进行——首先是数据生产，其次是基础设施的改进和升级，最后是在一定程度上实现城市数字化的——投资。

② 由于安全问题和数据隐私，有些城市避开了将信息技术广泛整合到基础设施中，特别是关键基础设施（Townsend, 2013）。在伊朗等一些国家，获取数据是一个极其困难和昂贵的过程。在那些地区，开放透明数据的缺

乏被认为是任何城市发展的已知障碍之一。基于数据共享的数字化城市的想法不符合这些国家的法律。因此，这方面的发展也不可能成为他们的分配预算并采取行动的优先事项。然而，虽然他们试图证明这是他们的主要发展意愿之一，但实际上没有朝着这个方向迈出任何步伐，只进行了一些分散的研究。

根据上述定义，我们可以对全球许多城市在实现数字化道路上面临的障碍与限制分类。作者在不同项目中遇到的一些障碍与限制将在接下来的段落中讨论。根据城市的背景和特点，存在着各种不同的障碍与限制。我们将聚焦一些主要和共同的障碍。

2.3.1　城市数字化的障碍与限制

2.3.1.1　缺乏对数据和工具的获取

缺乏数据，增加了分析城市现状和预测未来规划时机改善潜力的挑战。数据缺乏可能源于城市中的许多障碍，如缺乏预算、缺乏数据收集的最先进技术、缺乏知识技能，或者由于目标地区各自特点而产生的障碍。例如，由于未规划区域的特点，在其中收集数据将是一个巨大的挑战，因为在这些地区没有系统的地图绘制和收集数据的机制。实际上，许多居民在这些地区的活动不会留下任何的数字痕迹或产生任何数据，而这些数据是能够用来分析以做出更好的决策的，例如能源消耗量。这些区域没有确切的图纸和地图可以参考；此外，由于对政府的不信任，居民不愿配合相关机构收集数据。

因此，为了克服此类的现有障碍，第一，我们应该在当地社区中建立信任。第二，我们需要开发新的数据收集方法，建构居民的能力，并增加他们的参与和合作。

通过投资收集高质量的数据和开发工具，我们有机会取得良好的结果，并相应地做出更好的决策。第三，城市能够应对任何危机；但是我们应该记住，应用于未规划区域数据收集的技术工具必须尽可能简单，需要最少的培训投资，同时取得良好的效果。除了可用性之外，数据的易获取性也是许多城市面临的巨大挑战之一。由于数据隐私和安全问题而缺乏透明度，是一些城市的常见问题之一。其不愿意共享数据，也不愿意启用实时的开放数据平台。然而，开放数据可以增加系统的透明度，并使决策者能够合理明智地做出决定并采取行动。此外，这也能提高城市中集体的复原力。

2.3.1.2　安全问题

系统整体的安全是许多国家主要关心的问题，特别是具有重要战略位置或存在国际冲突的国家。在智慧城市中，受到各种威胁攻击的可能性很高（Ismagilova et al., 2020; Elmaghraby & Losavio, 2014; Townsend, 2013）。任何微不足道的冲突都可能导致对重要基础设施的网络攻击，使工业系统陷入瘫痪，以及对设备通信的劫持，操纵传感器数据引起的系统锁定威胁，乃至关闭整个系统直到其崩溃。这是一种可能对城市构成极端威胁的未来战争。

大多数智慧城市配置的互联网可访问性是另一个安全问题，因为它打开了如黑客入侵城市智能系统等漏洞。特别是作为重要基础设施的水、能源和运输需要高度安全保障，以确保它们能够应对灾难并快速恢复。

2.3.1.3　预算限制

预算限制和缺乏金融机制是智慧城市发展的另一个关键阻碍。在一些国家，由于其他发展上的挑战，为城市的智能和弹性分配的预算较低，甚至根本不存在，如在开罗进行智慧城市项目时，对未规划区域的管理成为与其他项目相竞争中发展上的优先事项。然而，埃及政府决定在距开罗约40千米的地方建立符合智慧城市标准的新首都，因为大开罗地区有许多未解决的社会经济、环境和政治上的难题，新的项目会因创建一个门禁社区而加剧不平等来引起社会差距。由于这个新社区对大多数公民来说根本负担不起，因此它将主要由中上阶层公民使用。此外，将预算分配给并非城市优先事项的问题可能会增加这些地区的压力。这会给公民的日常生活带来许多其他挑战。

为了实现智慧城市的发展，必须转变融资来源多样化的范式，思考更具创新性的融资机制来为智慧城市筹集资金，如吸引私人融资。此外，分配预算以解决危及公民生命的问题，要比仅仅为了炫耀或预测一个荒谬的经济增长的肤浅计划更加重要。

2.3.1.4　缺乏知识和技能

一般认为，决策者、从业人员和公民缺乏相关知识是发展智慧和弹性城市的关键障碍之一。一方面是技术文盲，另一方面是对城市近期挑战和解决这些挑战的新方法缺乏了解，这是一些城市中最令人困惑的相互交织的问题之一，需要更多的关注。例如，有些决策者根本不知道气候变化是已知的全球挑战之一。

此外，在处理技术支持的职能角色方面缺乏熟练的人力资本是另一个主要障碍。许多国家的技能缺乏阻碍了智慧城市的发展，因为没有足够数量接受过培训的技术人员，或是在另一些国家，在外国培训的技术工程师和专业人员并不受他们的欢迎。

需要最先实施的举措必须集中在一个合适的、能大规模增强各种利益攸关方能力且增加其知识的项目上。在这方面，创建能够与各种利益攸关者互动的语言非常重要。它将确保所有相关方都能认识到他们需要认识的难题挑战，并在和他人思考一致的情况下解决问题。

2.3.1.5 公民参与率低

对于智慧城市的发展，社区参与极为重要（Halegoua, 2020; Peris-Ortiz et al., 2017）。若大众对规划和发展项目的参与程度低，他们会对其望而却步。但政府总是把此责任甩在市民身上，并经常批判他们的兴趣和低参与度。没有提供平台或是鼓励市民的政府，市民就不可能参与任何城市发展举措的决策过程。例如在德黑兰，一条双层高速公路建成时丝毫没有公民的参与，甚至都没有寻求居住在附近的居民的参与。该项目产生了许多负面的环境、社会和经济影响。它在没有空气流通的高速公路下方聚集了大量被污染的空气，增加了公民的健康风险，降低了土地的价值。缺乏对所有公民的包容性，包括穷人和边缘化人群，是智慧城市发展的另一个主要挑战。任何城市发展都应该对其居民有利。事实上，我们不应该丢下任何人。

城市在确立公民应如何参与协商、规划和发展进程方面缺乏清楚的说明。在每个城市，都应该开发一个让市民参与的框架。加斯曼等（Gassmann et al., 2019）提供了一个共同框架，以指导并吸引关键利益相关者参与智慧城市的转型和实现。

2.3.1.6 基础设施的不足、退化与老化

基础设施的恶化和老化是将数字化整合到系统中的另一个障碍。在任何危机时期，这种基础设施都无法承受外部压力，可能轻易崩溃。维护和升级基础设施的成本极高，城市经常避免在这方面注入预算，有时是因为其自身就已经面临预算短缺。

此外，由于快速的城市化和移民，城市地区正在迅速扩大。然而，由于农村人口涌入的巨大压力，许多城市的基础设施和基本服务不足，导致非正规住所成倍增加。因此在这些地区，我们会见到城市服务和基础设施的缺失。在与技术相关的基础设施准备方面它们落后于发达国家，这对智慧城市发展构成了巨大挑战。例如在印度，由于缺乏基础设施的供应和维护，智慧城市的发展受到阻碍，导致发展不足和基础设施质量低下，特别是在贫民窟。

这是一个切实的想法，即行业之间的技术转让可以成为弥合差距的主要助力，并为更安全、更具成本效率和更具恢复力的基础设施铺平道路。但一个基本问题仍然是关注的核心：如何能将未来规划区域中还不存在的基础设施数字化？此外，一些国家还面临着许多其他问题，如由于互联网基础设施薄弱导致的互联网连接问题。这将使智慧城市的建设变得更加困难。

因此，拥有智慧且弹性的基础设施的第一步是对其进行升级或替换。投资正在老化的基础设施可以大大减少长期的财务和物质损失，但当局忽视了这一点，也没有将其列为优先事项。

2.3.1.7 缺乏监控与维护

缺乏对发展项目的监测和维护也被认为是需要关心的问题之一。事实上，实现弹性智慧城市需要定期维护、加强和更换关键基础设施。但是，信息技术的高成本，以及对能够安装、操作、监控和维护系统的专门技能工程师的需求，是智慧城市发展的一些障碍。然而，对定期系统维护的有效培训，可以在系统故障拖垮整个系统之前尽快排除故障。

一些城市正试图将技术整合到基础设施中，却没有考虑在其计划中纳入系统的监控和维护。这将导致智能系统因城市的变化而损坏、恶化并最终崩溃。事实上，任何城市的发展都需要不断地监测和维护。

例如，在开罗的不同项目中实施了若干项干预措施，公民也为提高城市的抗逆力和适应气候变化作出了贡献，但由于缺乏监测和维护，以及受到其他计划中未考虑的因素的影响，这些设施随着时间的推移而被摧毁或损害。

让当地社区参与维修安排和监测，并向其提供培训和监督是有效的解决办法，尤其是在未规划地区。

2.4 吸取的经验教训

正如我们从不同项目中了解到的那样，在将现有城市数字化之前，有许多的障碍应该要先克服。然而这又是非常复杂的。尽管如此，如果一个非数字化城市决定克服障碍并部分实现基础设施的数字化，则必须遵循一条特定的道路才能创建一个成功的、不会在一段时间后就失效崩溃的智慧城市。

根据从不同城市吸取的经验教训，智慧城市发展的成功因素可以总结如下：

（1）当局和公民的明智决策和行动：除了智能技术之外，还需要智慧的公民和治理才能迈向成功的智慧城市。不止步于仅仅整合技术的思考方式，可以避免系统中出现因不明智决策或行动而导致的许多故障。

（2）公民包容性：让公民参与任何城市发展都将成为成功的因素之一，尤其是包括了更弱势的穷人和边缘化的人口的情况下。就算是使用不够完善的基础设施对于他们来说也需要更多的帮助。事实上，我们应该为每个人都提供适当的平台，不让任何人掉队。否则，城市中对设施的使用权力与机会的高度不平等将带来其他挑战。

（3）培训和能力建设：提高所有利益攸关者对全新科技和技术知识的了解并对其进行培训，是迈向成功智慧城市的必要条件。创建共同语言来与各种利益相关者互动很重要。

（4）存在弹性：智慧城市要取得成功，必须具有弹性。数据和安全弹性可以确保即使在面对攻击或威胁时也能保持系统的运行。

（5）监控和维护：定期监控和维护对于实现成功的智慧城市至关重要。如果在没有任何监控和维护计划的情况下实施措施，过不了多久就会毁于一旦。

（6）创新的融资机制：为了成功发展智慧城市，必须转变融资来源多样化的范式，思考更具创新性的融资机制来筹集资金。

（7）透明度和共享数据：开放数据提供了系统的透明度，并使决策者能够明智地做出决定并采取行动。而透明度和开放数据的缺乏会增加安全和数据隐私问题。

（8）创造有价值、有潜力的数据和工具：通过投资收集高质量的数据和开发工具，城市能够更好地应对任何危机。

（9）更新升级基础设施：另一个重要因素是首先投资老化的基础设施，并对其进行升级。越早改善城市的基础设施，就能越早预防危机和严重的破坏。

（10）制定计划：制定计划是智慧城市成功发展的关键。

没有计划，就几乎不可能对系统进行系统性的改进、升级、监控和维护。

2.5 结论

智慧城市的主要目标应该是应对快速城市化所面临的各种城市挑战，而不是通过开发机器人城市来展示政府的实力。智慧城市创建的平台可以提供许多优势，包括：（1）基础设施的数字化，增加了在非常复杂的系统中发现故障的机会，并且能够自动更新；（2）能够使生活更便利，提高生活质量，并为城市提供舒适；（3）它提高了城市的恢复力，能够迅速适应气候变化和自然灾害危机并减少损失，尤其是人员伤亡；（4）能够产生可以追踪分析的大数据，以帮助做出明智的决策。

虽然智慧城市的发展可以带来许多好处，但它们也有许多缺点，例如，（1）网络攻击可能对智能系统构成严重威胁。关键基础设施可能会被黑客入侵、关停甚至最终崩溃。（2）由于服务器的大量能源消耗，它会对环境产生巨大影响。（3）始终存在数据安全和隐私方面的担忧。（4）由于缺乏技术知识，它要求高度的能力建设。

另外，未来不可预测，也可能会有不同的结局。大规模的基础设施数字化可能会分隔社区，造成社会差距和不平等，并由于其缺乏特点和昂贵的价格，给公民带来不便和不愉快的环境。

因此，一方面，一定程度的数字化——而不是开发依赖数字化的系统或机器人城市——可以帮助城市生活便利，为市民提供舒适。另一方面，由于存在一些障碍和限制，许多城市没有现成的平台来大规模部署技术。许多城市正在应对许多其他挑战，例如未规划区域，给这些城市的任何发展带来了非常复杂和严峻的形势。

最重要的是，世界各地的许多城市都在努力增强复原力以应对危机。对于复原力的专注是抵御任何危机的绝对关键。根据目标城市的背景和特点，我们可以应用各种不同的解决方案，从技术到创新的解决方案。技术可以只是其中的一部分，无论是作为探索复杂系统中存在的难题的工具，还是以硬件解决方案的形式存在。

大数据为人们从多角度捕捉信息和激励创新上开创了许多机会。它可以帮助提供实时天气预报、污染和交通管理、开创透明度、更好的决策以及政策制定、危机管理，并有助于提高智慧城市语境下的公共价值。但不是全球每个城市都能获得高质量的数据，特别是在未规划区域。数据可用性和可访问性的缺乏不应阻止我们追踪城市中的难题。有很多方法可以用来收集必要的数据。拥有全面的数据将使我们更好地了解面临的挑战并作出更好的决策。

参考文献

1. Alhassni, A. "The future of cities, the impact of smart cities on the preservation of the environment from GHG emissions." Smart Cities 1709: 7. 2020.

2. Block, I. 2020. https://www.dezeen.com.

3. Daniel, E. 2018. https://www.verdict.co.uk/wuhan-china-robot-city.

4. Elmaghraby, A. S., and Losavio, M. M. "Cyber security challenges in smart cities: Safety, security and privacy." *Journal of Advanced Research* 5（4）: 491—497. 2014.

5. Gassmann, O. et al. *Smart Cities: Introducing Digital Innovation to Cities.* Emerald Publishing Limited. 2019.

6. Halegoua, G. R. Smart Cities. Cambridge, MA: Massachusetts Institute of Technology. Ismagilova, E. et al. 2020. "Security, privacy and risks within smart

cities: Literature review and development of a smart city interaction framework." *Information Systems Frontiers*. Springer. 2020.

7. Jha, Abhas K. et al. (Editors). Building Urban Resilience: Principles, Tools, and Practice. The World Bank. 2013.

8. Khalifa, E. "The impact of smart city model on national security." *Central European Journal of International and Security Studies* 14 (1): 52—73. 2020.

9. Kreijveld, M. "Smart cities, smart citizens." In *Our City? Countering Exclusion in Public Space*. STIPO Publishing. 2019.

10. Marr, B. *Big Data: Using SMART Big Data, Analytics and Metrics to Make Better Decisions and Improve Performance*. Wiley. 2015.

11. Otto-Zimmermann, K. (Editor). *Resilient Cities: Cities and Adaptation to Climate Change: Proceedings of the Global Forum 2010*. Springer. 2011.

12. Peris-Ortiz, M. et al. (Editors). *Sustainable Smart Cities: Creating Spaces for Technological, Social and Business Development*. Springer. 2017.

13. Rana et al. "Barriers to the development of smart cities in Indian context." *Information Systems Frontiers* 21 (2019): 503—525. Springer. 2019.

14. Schuler, D. "Smart cities + smart citizens = civic intelligence?" In *Human Smart Cities: Rethinking the Interplay between Design and Planning*. Springer. 2016.

15. Sharma, V. R. and Chandrakanta (Editors). *Making Cities Resilient*. Springer. 2019.

16. Stelzle, B. et al. "Smart citizens for smart cities." In *Internet of Things, Infrastructures and Mobile Applications: Proceedings of the 13th IMCL Conference*. Cham: Springer. Townsend, A. M. 2013. *Smart Cities: Big Data, Civic Hackers, and the Quest for a New Utopia*. W. W. Norton & Company. 2020.

17. Tyler, S. et al. "Planning for urban climate resilience: Framework and examples from the Asian Cities Climate Change Resilience Network (ACCCRN)." In Climate Resilience in Concept and Practice Working Paper Series. Boulder,

Colorado. 2010.

 18. Veselitskaya et al. "Drivers and barriers for smart cities development." *Theoretical and Empirical Researches in Urban Management* 14（1）: 85—110. 2019.

 19. While et al. "Urban robotic experimentation: San Francisco, Tokyo and Dubai." *Urban Studies* 58（4）: 769—786. 2020.

 20. Whitehead, B. et al. "Assessing the environmental impact of data centres part 1: Background, energy use and metrics." *Building and Environment* 82（2014）: 151—159. 2014.

———— 第二部分

粮食安全与智慧城市农业

———— 第三章 ————

培育智慧城市：城市农业与智能技术的交叉点

艾玛·伯内特

3.1 导言：成长的城市

　　农业在理念上存在着很大的分歧。一方面有人认为，农业需要通过技术和创新取得进步，以供养不断增长的人口。这是政治家、一些国际非政府组织和大型农工企业的口号。另一种观点是我们必须从技术解决方案中退后一步，重新评估生产和分配的方式和地点。对"地方的"或"区域的"食物需求正在增加，特别是来自当地政府、农民以及城乡居民的需求，但可利用、价格实惠且肥沃的土地却正在减少。基于此，粮食生产和分配应该是大规模、无菌且高效的过程，还是小规模、个性化的，需要体力劳动、肮脏的动手活呢？

　　城市与食物之间存在着长期而复杂的关系。从历史上看，大部分的食物是在城市内部或周边地区生产的。但农业和供应链已经通过更新换代的技术创新摆脱了这些限制，从日益强大的农业设备和集约化的生产制度到改良的运输、制冷和储存（Steel, 2013）。

　　如今，超过40亿人生活在城市地区（约占全球人口的55%）（Ritchie & Roser, 2018）。尽管人口增长率已经放缓，但到2050年，地球上可能会有超过 97 亿人，其中近 70% 将生活在城市环境中（Ritchie & Roser, 2018; Roser, Ritchie & Ortiz-Ospina, 2013）。同时，平均卡路里需求量和对肉类需求量也都增加了（Roser & Ritchie, 2013）。

全球人口和城市人口密度的增加伴随着农村农民人数的减少（Lowder, Skoet & Raney, 2016）和他们平均年龄的增加（Vos, 2014）。此外，农业生物多样性已经减少（全球 90% 的营养需求仅由 30 种作物满足）。与此同时，土地、资源和权力正在持续聚集至极少数个人和企业的手中（Brookfield, 2001; Maughan & Ferrando, 2018）。

尤其是在城市中，人与土地的使用、良好的营养、农业实践和新鲜食物的制备之间存在着脱节。这些脱节和涉及全系统的复杂性导致复杂、烦琐的讨论，而这类讨论经常会在每个环节将农民、生产者、消费者和政策制定者排除在外或是包括其中。当地生产的食品听起来很吸引人的，但如果它损害了全球贸易，就不会有吸引力。庭院花园很可爱，但所有的设备、营养和种子都需要从外部进口。在战争和危机地区，短期的粮食援助可以挽救生命，但长期粮食援助又可能会破坏当地经济。精准农业听起来很有吸引力，但它依赖于专利的信息系统和昂贵的采掘技术。集约型农业食品系统可以养活很多人，但会导致失业率上升，同时会对环境产生负面影响。有机食品可能对地球更好，但农民在转型过程中经常遭受经济损失。

食品和农业的问题很少有简单的答案——任何告知情况并非如此的人都是打着推销产品的算盘。而每个问题的解决方案都有着其附带的连锁问题。

本章简要介绍了技术在农业（涉及了农村和城市农业两方面）发展到今天的过程中所发挥的作用，探讨了粮食的生产如何适应城市，以及人们实践城市农业的一些方式。我们对技术在食品生产和分销中的优缺点、不同智慧城市技术的形式和设计的影响以及城市农业和技术形式如何成功结合进行考查。最后本章提出，精明的城市发展应该识别并遵循当地从业者的愿望路径，以最好地理解和支持城市食品的格局与对技术的耐受性之间交叉点，并更好地建立城市弹性。

3.2　在食物与"进步"之间

根据一些学者的说法，我们正处于第四次农业革命的开端（Klerkx, Jakku & Labarthe, 2019）。人们普遍认为，经历前三次农业革命，每次革命都建立在前一次成功和失败的基础上，每次革命都改变了粮食业的格局以及我们与食物的相互作用。

第一次农业革命是从狩猎采集部落转向我们理解中的农业社会。这一变化可以追溯到公元前10000年全世界各地的不同地区，并跨越了数千年的过渡期（Scott, 2018）。从游牧到定居社区的变化可能导致人口增加和定居地规模的变大，同时还有畜牧业的进步，以及植物的选择性培育和种植、收割和储藏技术的创新（同上）。然而，这种新的生活方式长期使人们暴露在作物歉收、环境冲击（比如洪水、干旱、火灾、作物害虫和疾病），以及由于饮食变化、更拥挤的生活条件、恶劣的卫生条件而导致的疾病的影响下，同时可能导致社会和性别分化的加深（Peterson, 2014; Scott, 2018）。

第二次农业革命与欧洲的工业革命、帝国扩张和国际土地的掠夺重叠，大约始于15世纪，并在17世纪进一步升级。随着犁耕、钻头、排水和作物轮作等领域的发展，农业生产力迅速提高，一度有大量将土地封闭起来并归入私有的方案，特别是在曾经允许人们将土地用作公共用地的国家（Fairlie, 2009）。使用了雇佣劳动力和重型设备的较大地块的净利润要高于小的持有地，并且可以用新铺设的铁路线路将食物运输至城市（Steel, 2013）。在一些国家，公共土地的封闭化与农业技术的发展相结合，导致农村居民向城市地区迁移，同时催生了需要更多在工厂工作的工人的需求（Fairlie, 2009）。城市居民的激增导致工业化国家的物质产出增加、农村劳动力的减少以及极端贫富差距的再次加剧。

第三次农业革命，通常被称为绿色革命，植根于第二次世界大战后的发展以及国际贸易理念。绿色革命的特点包括：依赖高产品种的专利菌株、集约化施肥、农药和除草剂的施用机制、作物研究上的投资、由重型机械进行的播种和收割、易获取低工资的农业人力资源和信贷额度、新的市场开发、高水平的政策支持和全球影响力（Brookfield, 2001; Pingali, 2012）。最初的试验于 20 世纪 40 年代中期在墨西哥开始进行，其次是菲律宾和印度；从那时起，绿色革命技术已在全球范围内广泛应用。领导此次革命的公司掌握着巨大的权势。几十年来，绿色革命因养活了大量人口而广受赞誉；它也被广泛批评为由资本驱动而不是需求驱动、对文化和环境造成侵蚀，并将农民置于他们无法逃脱的农业仓鼠轮上（Shiva, 2016; Ward, 1993）。

我们面临着当代马尔萨斯式的挑战，即要用越来越少的熟练农业工人来喂饱越来越多的城市化人口，并且要面对有形的和无形的资源冲突。[①] 经历了一系列农业革命，我们得到了增加作物和动物产量的技术，并开发了可以为地球上每个人每天提供 2 700 卡路里

---

① 例如，2011 年"阿拉伯之春"与粮食价格的飙升有关。虽然当时全球市场有一些与干旱有关的粮食限制，但投机交易和商品市场使情况恶化。谷物价格上涨，再加上中东国家经济增长缓慢，导致社会和政治动荡。

的分配系统（FAO, 1996; Holt-Giménez et al., 2012）。然而，我们也身处这样一个位置，即今天的农业和粮食分配系统显然不能养活全世界每一个角落的人，而且贡献了造成气候变化的 26% 的温室气体，还导致土壤退化、水污染、生物多样性丧失等许多有道德质疑的做法（Ritchie & Roser, 2020; Rockström et al., 2009）。

我们被告知，人类正处于食品新黎明的边缘：农业 4.0（Klerkx, Jakku & Labarthe, 2019）。第四次农业革命会给我们带来什么——是对技术进步的深入追求（Klerkx, Jakku & Labarthe, 2019; Barrett & Rose, 2020），还是一个由粮食主权驱动的农民主导的农业复兴（Fairlie, 2009; Feenstra, 2002; Gliessman, 2018; Holt-Giménez, 2009）？在不同的文献中，经常有不同的人怀着不同的目的，并通过不同的研究和实施机制来探寻在此问题上的意识形态分歧。然而，通过城市农业实验室，这两者或许可以互相结合在一起，来确定在哪些地方可以相互支持，以及在哪些地方可能最好需要利用政治和经济意愿。

3.3　城市农业

城市食物生产和分配是多种多样的，并且会因为各种因素而产生很大的差异（Kirwan et al., 2013; Maye, 2019; Reed & Keech, 2019; Winkler Prins, 2017）。总体而言，城市食品系统指——

在城市中食用的食品的生产、加工、分销和零售的一系列方式。这涵盖了从在离城市很多公里的地方使用工业加工生产并包装的食物，到在城市周围农村种植的食物（如谷物），以及在城市边界内的农业项目中种植的食物（Maye, 2019: 9）。

城市农业也可以缩小到——

在城市或建成区域内的农业环境，包括了种植食物或饲养动物（如家禽、牲畜、蜜蜂）。在这些地区，对土地的需求通常很高，而可用的空间也不适合机械化农业，因此城市农业往往依赖于小规模的种植和动手的实践做法（Varley-Winter, 2011: 8）。

多人口世界的国家和少人口世界的国家（majority and minority world countries）城市中都有各种各样的城市食物生产活动和分配系统。① 它们反映了各种各样的实践做法，从阳台或屋顶种植到城市农场，从私人小菜地到游击园艺，从城市中的山羊、鸡和蜜蜂养殖，到觅食和拾荒。这些活动可以在住宅、机构、社区、集体、非营利组织、教育和商业环境下进行。食物可以直接食用、出售、交易、交换或赠送。这些活动可能会挑战一个或多个既有的系统，也可能会遵循现状。对城市农业当前和潜在产量的预估范围，取决于地理位置、文化规范、土地使用规划和分配系统。对一个给定城市的潜在生产能力的预测范围，在该城市蔬菜需求量的 1.5% 到 77% 不等（Goldstein et al., 2016）。这些只是世界各地城市中能看到的城市农业的一些类型，它们从不同层面上为我们提供了对于食物生产方式和地点的理解（见表 3.1）。

城市农业扮演的角色多种多样，并由居民的需求和想象力建构。城市农业的做法可以帮助解决社会、文化和经济的分歧和脱

① 少人口世界的国家指"全球较富裕的地区，占世界人口的一小部分"（Akpovo, Nganga & Acharya, 2018: 202）。

表 3.1 城市和城市周边食物实践的变化与城市之间的做法一样大

城市农业位置	城市农业形式	潜在的产出或活动
基于地面，无环境控制	私人小菜地	蔬菜、水果、香草、堆肥、饲虫箱、蜂箱、鸡/鸡蛋
	社区花园	蔬菜、水果、香草、堆肥、饲虫箱、蜂箱/蜂蜜、鸡/鸡蛋、鱼、肉
	有机园艺	香草、水果、野花
	边缘土地利用/土地复垦	蔬菜、水果、香草、坚果
	高架花圃（前/后花园）	蔬菜、香草、水果
	城市农林业	水果、坚果、蘑菇
	城市农场	蔬菜、水果、香草、坚果、堆肥、饲虫箱、蜂箱/蜂蜜、鸡/鸡蛋、鱼、肉
基于地面，有条件控制	复合养殖	鱼类、植被
	玻璃房、塑料大棚	蔬菜、水果、香草
融入建筑，无条件控制	阳台花园	蔬菜，水果，香草，堆肥/厨余堆肥，饲虫箱
	室内园艺	蔬菜（尤其沙拉菜）、香草
	屋顶花园	蔬菜、水果、香草、堆肥、饲虫箱、蜂箱
	棚屋、集装箱、地堡	蘑菇
融入建筑，有条件控制	水产养殖	鱼类
	水培技术	蔬菜、水果、香草
	屋顶温室/塑料暖房	蔬菜、水果、香草
	垂直园艺	蔬菜（尤其沙拉菜）、香草、蘑菇

　　基于分类的位置来自戈尔茨坦等（Goldstein et al., 2016）；所有其他数据源于本章作者。

节。居民们参与城市农业活动，以应对粮食危机，改善生计，提供创新、想象和锻炼的空间，或者作为一种社会抗议或反抗的形式（Birtchnell, Gill & Sultana, 2019; Burnett, 2020; McClintock, 2014; WinklerPrins, 2017）。这类计划包括了针对食品相关企业的技能提高（Varley-Winter, 2011），针对土地使用或公共空间（Maughan &

Ferrando, 2018），以及以解决食物种族隔离（Dickinson, 2019）或以社会融合为目标的项目（Burnett, 2020; Cabannes & Raposo, 2013）。还有一些城市农业形式相对温和平静、不叛逆，也没有公开的改革力量或其他政治目的（Smith & Jehlička, 2013）。有些项目和组织涉及了不止一个元素。

城市食物生产与一系列的运动有关，包括食物正义、食物主权和食物安全（见表 3.2）（Holt-Giménez, 2010; Himénez & Shattuck, 2011）。这些都是由基于市场的机制（商业、贸易、市场）、团结经济（solidarity economies，食物救济库、种子交换、社交食品活动）以及政府参与（例如提供私人小菜地、县农场）推动和达成。一些城市规划者认为，如果能够得到来自比如说补助金、地方政府绿化议程、卫生组织、国内和国际资金、众筹以及土地所有者的支持，城市农业是能够为城市带来益处的工具之一（Born & Purcell, 2006; Forssell & Lankoski, 2015; McClintock, 2017）。

城市居民通常不会种植主食作物（至少不会大量种植），而是从农村生产商引进（Steel, 2013）。虽然一些城市居民可能会种植马铃薯或豆类等作物，但由于空间限制，他们很少会生产小麦、大米、扁豆等（O'Sullivan et al., 2019）。在城市是否允许或鼓励城市农业动物这方面也存在差异。一个城市中的部分主要作物和动物产品是按区域种植、加工和生产的，但尤其在全球北方，情况通常不是这样的。这使它们容易受到国际贸易、运输和全球大宗商品价格波动的影响（Simms, 2008）。

城市食物生产的环境可持续性问题经常会被讨论，包括城市农业在内的绿色城市空间可以帮助缓解城市热岛效应、增加城市生物多样性、减少径流和洪水风险，并通过废水和有机废物回收和再利用促进循环经济（Maye, 2019; Goldstein et al., 2016）。然而，某些形式的城市农业会增加能源使用，尤其是依赖环境控制的农业形式（O'Sullivan et al., 2019），以及来自人工营养素、盆栽材料、土壤和种子的引进和生产增加的成本。

城市农业也有潜在的缺点。虽然历史上，城市农业一直是应对家庭食物管理或收入缺乏安全感，或是用于休闲的机会主义应对机制，但最近它也正在成为变革的信号。它与"绿色士绅化"和贫困地区居民的流离失所有所关联（Anguelovski, 2015; McClintock, 2017）。特别是在少数人口国家，对商业化的城市农业感兴趣并参与其中的大量中产阶级（主要是白人新移民）已经开始搬进曾经对他们来说不够理想的社区（Lockie, 2013）。部分是由于对经济适用房的需求，部分是由于想创造可持续枢纽的愿望，他们改变了样貌。紧跟着这种变化的是那些可以从中获利的人——咖啡馆、餐馆和高端食品店，他们不仅跟随还鼓励了这种变化（Checker, 2011）。对住房和基础设施的投资会推高价格和吸引力（Curran & Hamilton, 2012）。一些人指出了一个令人不安的事实，即白人在主要非白人社区的资本积累，将他们比作精英主义或种族主义的殖民者、先驱定居者或强制回收者（Gould & Lewis, 2016; Lockie, 2013; McClintock, 2017）。

在某些方面，城市农业可以被比作日本的金继艺术——用显眼而美丽的东西去修复破碎的陶器。修复将成为陶器自身历史的一部分，它将这种变化凸显出来而不是去掩盖它。然而，重要的是要考虑所采取的行动是否反映了现有和未来居民的需求和价值观，并减轻那些旨在帮助的"修补"所造成的负面影响。

表 3.2　对待食品的方式——组织方法和运动

	企业食品模式		食品运动	
话语	食品企业	食物安全	食物正义	食物主权
定位	企业	发展	赋权	权利
政治意识形态	新自由主义	改革主义	进步主义	激进主义
对待食品的方式：生产和消费	工业生产；高产出／过剩生产；公司垄断；土地掠夺；转基因产品的扩张以及土地和动物管理技术；公私伙伴关系；自由或不受管制的市场；国际粮食援助；单一种植（包括有机）；工业食品的大规模消费；超过农民、家庭农业和小规模零售。	类似于食品企业／新自由主义，但有更多的中小型农民生产、源自当地的粮食援助、"生物强化"的耐气候影响作物；小众市场的主流认证（有机、公平贸易、本地、可持续）；维持农业补贴；市场主导的土地改革。	食物权；更好的安全网；可持续生产；源于当地的食物；农业生态设计和开发；对缺乏服务社区的投资；生产、加工和零售的新商业模式和社区福利方案；农业工人更高的工资；团结经济；土地和粮食供应。	食物权和食物主权；源自当地；可持续生产；文化上适宜；民主控制；铲除农业食品垄断；挑战权力结构；均等分配；再分配土地改革；用水和种子的社区权利；防止倾倒／过度生产；可持续生计；农业生态农业设计；规范市场和供应。

资料来源：Holt-Giménez & Shattuck, 2011，经许可结合本章内容做了适当改动。

3.4　智慧：技术与城市

"智慧城市"的概念模糊且不一致（Albino, Berardi & Dangelico, 2015）。该术语通常常用于通过互联技术和物联网（IoT）技术进行的数据收集（见表3.2），以及随后的对整个城市服务进行的改造，但它已经以各种方式在各种领域中被使用。本节讨论了技术在当今农业实践中发挥的一些作用，能够为我们的未来带来什么，以及智慧城市在塑造城市食物生产方面的两个维度。

现代技术可以分为几个部分：它可以是智能的，可以是互连的，也可以是物联网的一部分（见表3.3）。"智能技术"通常与"自动化"同义，也并不意味着某些东西一定连接到互联网。智能技术的一个例子是温控器——它可编程，并自主运行，但只执行单个任务。在农业领域中，可编程的、自动打开的牛栏也是一个例子。顾名思义，互联技术连接至互联网。它可以实现远程控制和监控，并且可以集成到物联网中。这些包括无线打印机、监控摄像头或具有IP地址并可以传输信息的加热设备等物体。物联网指独立于人为交互的收集和传输数据的设备，它通常用于描述一般认知概念中不会连接互联网的东西。这些可以包括家用物品，如洗衣机和扬声器，或城市级监控设备，如用于照明或交通流量管理的道路传感器。

表 3.3　农村和城市中的农业技术

技术术语	对其理解方式	农业应用
智能	一种自动化的设备，但不一定连接到更广的网络。这些通常是闭环设备，可以根据反馈测量和控制	自动控制设备，例如基于土壤湿度或温度的温室中浇水或窗户控制设备
互联	具有IP地址、连接到互联网（Wi-Fi、有线、LTE）的设备，并能够远程控制和监控。可以是数据收集系统的一部分，但本身并不保存信息	自动发送信息的传感器，例如奶牛群热量和运动传感器等动物传感器；或蜂箱内的视频监控
物联网（IoT）	一个将物体连接到互联网的系统，能够在没有人为干预的情况下收集并传输数据。可以发掘历史数据，并利用这些数据和当前数据来采取预测性行动	推荐的集成数据收集和土地管理系统，包括无人机和拖拉机的自动应对

资料来源：Klerkx, Jakku, & Labarthe（2019）；Mye（2019）；Vidal（2015）。
这三种技术形式可以重叠，但前两种也有可能是独立的设备。

由于这些技术中有许多相互重叠的部分，并且也由于技术的发展速度超过了术语的适应速度，在食品相关文献中，提到的所有这些以及一些其他术语都被不加区分地使用，很少阐明，并且通常被简单地称为"技术""高科技"或"智能"。这些技术都在"智慧城市"的概念和发展中发挥作用。

3.4.1 城市农业中的智能技术

城市依靠着外部资源。因此，在当地生产和消费食品的想法在自给自足、减少碳排放以及获取更容易等方面具有一定的吸引力，而且所有这些方面都有助于提高城市弹性。[①] 表 3.1 中的城市农业形式突出了世界各地进行的一部分城市农业实践（无疑并没有覆盖到全部）。

具有环境控制的城市农业新形式正在被开发，而它们高度依赖现代技术形式（O'Sullivan et al., 2019）。然而，这些与可能被认为是开源[②] 或基于土地的城市农业有着根本上的不同，其中包括地下农业、集装箱农业和摩天大楼农业。例如：

（1）中国东南部的贵港市，有着专门为室内养猪而建造的塔楼（Standaert, 2020）。其中容纳了数千头猪，并且对建筑物进行了生物控制，拥有复杂的清洁和处置机制。这些农场是中国农村和城市地区日益向高科技农业发展的一部分（Wang, 2020）。为了减少人畜共患疾病的传播（Burnett & Owen, 2020; Wang, 2020），设计了高度技术化的农场，这些农场严重依赖闭路电视监控、生物安全措施、精

---

① 弹性是一个复杂而模糊的术语，一个仍在构建中的概念。在这里，它被理解为不仅仅是在系统受到冲击后恢复到预先存在状态的能力，而且是主动开发能够快速吸收和适应冲击的过程和机制（Doherty et al., 2019）。

② 在这种情况下，开源指的是生产食物所需的知识，技能和技术的可获取性。虽然大多数土地农业都在私有土地上运作，但其操作方法很容易获取并复制。

心校准的养殖以及自动喂食和配水。

（2）英国伦敦的防空洞中有一个地下农场，在使用了 LED 照明和水培的环控系统中种植了香草以及微型绿色植物（Rodionova, 2017）。这些植物提供给了当地和国内市场。与屋顶花园类似，它很好地利用了空间——这些隧道是作为紧急避难所在第二次世界大战期间建造的，目前大多未被使用，而其能源可以由可再生能源提供。

（3）纽约布鲁克林的一个崭露头角的企业，以集装箱养殖作为其商务基础。它们可以在翻新的集装箱内轻松种植、控制并分配为城市生产的产品（Kaufman, 2017）。这些集装箱可以运输，也可以控制、监控环境，并且能通过太阳能电池板来生产自己的电力或在能源生产高峰期自动接入电网（产品与伦敦的例子类似，通常侧重于微型绿色植物和香草）。这些农场连接至云服务器，专注于通过集成网络收集数据。

这些创新的、互联的、技术性的城市空间容纳了由商业活动驱动的食品运营，这些运营直接与城市的网络和新陈代谢相连。但它们也是非常排他的系统，以高产出、高价格和尖端的品牌进行交易。在网上材料中，它们看上去吸引人、干净、有未来感，至少，展示给普通人看的内容大多是这样的。但是，在许多方面，这些系统通过减少所需的工人数量、引入或依赖易染疾病且高投入的单一栽培，并将生产者困在昂贵的剥削性仓鼠轮系统中，最终复制了大规模集约化农村农业的问题。

智能技术创新为城市食品的未来提供了希望，但其中也包括一些失败的种子。农业系统的持续技术化对人类和地球都会带来风险，其中包括：

（1）由于机械化替代使人们失去土地和耕作。

（2）那些购置不起最新时尚或食品解决方案的人会产生一种被抛弃的感觉。

（3）将生产者套牢在长期债务中，从而导致生产过剩和报酬不足。

（4）基于零部件的需求，依赖采矿提取物。

（5）由于丢弃的、未回收的物品，副产品和旧工具的报废，制造新形式的废弃物。

（6）偏向追求技术"进步"而非农业生态方法的资金和研究的分配。①

（7）互联技术和物联网技术的安全风险，小到烦人，大到严重干扰正常业务，甚至到完全的食物供应链恐怖主义。

城市往往依靠漫长而复杂的食物供应链来运输货物。在任何实施了技术解决方案的地方，我们都应该非常清楚是谁掌握着权力、风险是什么，以及如果出现问题时的后备方案。在许多方面，技术欠缺的城市农业形式是城市居民在紧要关头时的后备方案。

批评技术很容易。但是，它可以使城市和农村的生产分配更加容易。信息通信技术（ICT）在新冠疫情期间的作用不容低估，尤其是线上连接在其中发挥关键作用。对本地生产的食品、在线购物和共享，以及食品配送服务的需求有了大幅的增长（Davis, 2020）。而支撑这些功能实现的程序和平台一直面临着巨大的压力，以增加访问、提高效率并满足不同城市和地区的不同需求（Bos & Owen, 2016）。物流系统的改善使得配送更快、更高效。这些是希望与城

---

① 农业技术的提倡者不会反对这种分配，但关键是，当权力和资源的权重主要落在了其中一边时，不同的农业方法变得无法比较。由于围绕各种形式的农业进行了大量的探讨、争论和研究，因此公平地资助各种形式的研究非常重要，以确保我们有良好的数据来做出决策。

市农业实践者合作的城市需要进一步调查和支持的主要领域，尤其是那些收集食物流动、城市生产能力以及市场和非市场经济数据的从业者。这是能将高科技发展与低科技生产和交付汇织在一起的许多可能路径之一。

3.4.2　智慧城市中的城市农业

在食品生产和分配中使用技术（智能、互联或物联网）是塑造城市农业方式的一个层面。但还有另一个层面，那就是城市本身如何塑造人与环境的互动。

人们从城市诞生之初就开始实践城市农业。城市的成长不仅围绕着实体建筑，还整合了公共使用空间，而不断变化的人口却掺杂了它们的使用（Steel, 2013）。随着时间的推移，城市在演变，而一波接一波的人口和新居民为其构筑了他们自己的偏好。例如在里斯本，佛得角移民一直在边缘和未使用的土地上，在不受监管的情况下从事城市和城郊农业，这不仅提供了食物，还带来了社区凝聚力和休闲娱乐。得益于佛得角社区居民早年在干旱、陡峭、土壤稀薄的石质地区长大时习得的技能，他们能够利用对葡萄牙城市生产者来说几乎没有价值的边缘空间（Cabannes & Raposo, 2013）。

正在设计和建造的新一波智慧城市具有高度的技术，并且由工程师、建筑师、艺术家想象和设计——其中一些人可能有一天会居住其间。除了所有其他"智慧"功能——水、能源、运输、卫生等方面的数据收集和资源分配——以外，许多人也将城市食物生产纳入其计划（Albino, Berardi & Dangelico, 2015）。这些高科技的设计依赖于规划者的创造力，但城市农业并不局限于设计师的意图。随着城市居民对资源的使用和再利用，它在裂缝和边缘中悄然生长。布鲁克林的屋顶，伦敦的地铁站，里斯本和上海的路边、后院以及内罗毕的公共空间——这些在设计时都没有考虑过食物生产。人们通过反复地深入探寻并塑造他们的城市，来反映他们的需求和愿望。①

已经有人提出，新设计建造的智慧城市，作为整体套装构建，在某些情况下会给城市农业从事者带来一些限制，包括以下几点：（1）界定了生产地点；（2）将人们锁定在使用方法单一的空间中；（3）关于黑客攻击的担忧；（4）城市技术的淘汰；（5）生产商和城市管理上的安全性。

前两点涉及的是土地使用方面的灵活性缺乏。由于空间预先定义了一个单一的用途，这使得后续几代用户都无法重新构想他们的设计。黑客攻击和技术过时问题并不是什么新鲜事，但在设计城市地区时却是关键的考虑因素。重新利用空间的城市居民可能会"破坏"智慧城市的一个元件——例如改变人流，增加用水量或减少废水和可收集的径流，或改变树冠覆盖。他们可能会认为预先设计的"种植区"与正常的交通路线不兼容，或者公共绿地用来种植蔬菜更好。过时是所有技术都面临的问题，但目前，过时发生的速度比以往任何时候都要快。我们没有理由认为今天城市内置的技术能够维持几年以上——而这种浪费价格高昂。面对这样的成本，绿地是否有可能保持免费向公众开放，无论其用途如何？或者，人们会因为门票或土地出售而被挤出市场吗？绿色空间是否可能保持免费并向公众开放，无论其使用方法如何，面临着怎样的成本？或者人们是否会面临或是因加收入场费，或是因土地出售被再开发的价格阻

---

① 作为一个活生生的例子，作者附近的空间目前正在经历这种黑客攻击。30年来，它一直是一家有室外座位的酒吧。在改建成房屋后，其户外空间变成了一个杂草丛生的草坪，主要被人用来遛狗。它很快将被改造成一个带有高架床的社区花园，供当地居民使用。以后的事，谁又知道呢？

碍吗？安全的元素也与所有技术息息相关，尤其是在一个广泛联网的城市中。从城市农业的角度来看，当一个城市受到不断的监控和监管时，居民可能会担心资源的保障，特别是水和能源。

当然，还有数千个已经存在的城市，它们对智能／物联网技术的吸收和应用可能没有那么大的问题（尽管在某种程度上，所有的要点仍然适用）。通过举办关于城市规划的创客马拉松等活动（Perng, Kitchin & Mac Donncha, 2018），使这些城市发挥更大的把城市农业实践者和当地居民的概念整合在一起的潜力。这可能会促进新的参与，并指出未来发展的途径（或者另一种情况，它也可能会限制尤其是来自老一辈人的参与）。

然而，对于许多城市园丁和生产者来说，在休闲活动中被监控或是将具有生产力和可得性的土地让位于数字基础设施（例如无线网络 Wi-Fi 天线）的想法与他们的本意相悖。有些人会试图通过寻找新的空间来避免监控设备和构件，有些人可能会破坏他们认为具有侵入性的系统（如行为监控和面部识别）。政策制定者应与城市农业从业者合作，确保他们了解任何新技术的作用；应避免为互联技术硬件牺牲城市和城郊的生产性土地；应避免采取将居民锁定在特定土地使用行为中的技术决策。①

3.5　在智慧城市中展现智慧

在奇玛曼达·恩戈齐·阿迪奇埃（Chimamanda Ngozi Adichie）

---

① 例如，对用处单一的建筑物进行巨额投资，或将资源（水、电）限制在不符合预定活动的某些区域。

的 TED 演讲 ① 中，她描述了单一故事的危险性，她解释单一叙事的问题是"不是它们不真实，而是它们不完整。它们让其中一个故事变成了唯一的故事"（Adichie, 2009）。人们很容易对智慧城市和未来技术感到兴奋。其艺术描绘很美；其承诺宏伟而广阔。许多人都看过类似的电影，读过被描绘为高度城市化和技术化未来的故事，这种愿景已被常态化成了我们必须踏上的前进道路。这个单一故事将大型的、高度技术和数据驱动的城市"智慧"概念，与当前的农村和城市农业模式对立起来，本质上暗示着地面耕作和牧业生产是"愚蠢的"（Vanolo, 2014）。

几十年来，农村农民一直被如此归类，被认为需要"改进"才能使他们的工作变得"更进一步"。但是，正如许多人指出的那样，无论是这种叙述还是这些技术都无法带来更可持续的土地管理或就业 ②（Anderson & Pimbert, 2018; Vidal, 2015）。智慧城市的概念，特别是"智慧"的城市食物生产，暗示着老派的实地活动在某种程度上并不智慧，并且目前正在实践的城市农业是一个需要"解决"的"问题"。若不去挑战这种短视的叙述，对于当前的从业者和未来的城市和农村粮食生产者都十分有害。

城市农业不需要养活世界，这种建议也不应该被摆在台面上（Costello et al., 2021）。然而，它可以成为培训、创新、整合、休闲和稀缺时期供应的沃土，但前提是它是对所有人开放的。智慧城市涉及了不同层面的城市农业，并与城市食品实践的内部和外围都有

---

① TED 演讲是一种特殊的演讲形式，由非营利组织 TED(Technology, Entertainment, Design) 主办，旨在分享新思想、新科技和新文化等方面的知识和想法。——译者注

② "大型拖拉机已经使许多农村人口流离失所了。曾经是 20 个人和 20 匹马。然后是 20 个人和一辆拖拉机。现在是一个人和 20 辆拖拉机"（Vidal, 2015）。

着相互作用。技术的演变和进步会对基层的食物生产和分配产生影响。城市本身如何被设想、建造和界定，自上而下地塑造了其居民如何与周围环境的互动。在嵌入智能、互联和物联网技术时，政策制定者和城市农业从业者需要意识到行为主体、权力、负担能力、排他性、受侵入性、用法、过时和所有权的作用。在城市和周边地区的层面上，这一范围进一步扩大，包括政治目的、转型潜力、城市发展和想象力局限性的影响，以及城市对气候变化及其缓解的影响。

就气候变化而言，城市食物生产可以通过减少城市热岛效应、吸收径流、减少粮食运输和增加生物多样性来支持缓解气候变化的一些要素。然而，依靠城市农业养活居民则暗示着合理的做法将会是扩大城市规模，将城市周边地区和农村地区转变为城市，然后根据对"当地食物"的需求增加城市食物生产。在环境和社会方面，这将会是灾难性的。支援本地化的农村生产和运输网络，并利用技术改善这些直接联系，对于土地和农村生计会更为明智且敏锐。

这并不是建议要减少城市食物生产或是阻止技术实验。城市规划者、设计者和政策制定者有许多路线可以采纳，其中包括了智慧城市技术。在许多方面，智慧城市技术都非常有价值，在新冠疫情封锁期间，互联网已被证明是取得食物援助和配送的重要途径。有一些技术进步非常富有想象力，可以成为提高对城市食物业参与的兴趣或降低其进入门槛的机制。但是，要使技术在城市农业中发挥积极作用，它需要能够敏锐捕捉实地的需求和想法并积极响应，而不是纯粹通过小众、排他性和基于市场的机制去强加一些无人问津的解决方案。

城市设计领域中存在着一个原则，根据该理论，规划者应该遵循"欲望路径"，或者说那些由人或动物非正式创造的、与指定的路线相反的路径（Soubry, Sherren & Thornton, 2020; Kenton, 2020）。它们是"共同生成的向量，可以解决从一个点到另一个点的问题，同时能灵活地忽略无效的结构"（Soubry, Sherren & Thornton, 2020: 421）。许多从业者已经在使用智能、互联和物联网技术，例如用来管理小动物、监控站点或与社区群体互联。他们经常能够深刻意识到这些技术在某个特定领域能不能得到好的效果。将"欲望路径"的概念应用于城市食物生产和智慧城市发展，将使我们能够更好地规划当前和未来的城市农业实践，并有助于构建具有恢复力和前瞻性思维的系统。在协调智慧城市发展和演变以及城市食物生产和分配方面，这必定是一种聪明的做法。

3.6　小小的收获

（1）城市农业就像城市及其居民的外形一样多样化、富有想象力。而技术，无论是智能技术、互联技术还是物联网技术，往往都与开发技术的人一样富有想象力。

（2）城市设计、政策和规划的开放性既可以培养居民的想象力和参与度，也可以限制它们。为了最好地将农业融入城市和近郊的智慧城市发展，需要利用居民的想象力，而不仅仅是设计师的想象力。

（3）垂直农业、集装箱农业和小生境城市农业倾向于重复过去农业的失败，包括单一栽培生产、将公众排除在生产之外以及仅面向市场的网络。这使得训练、休闲和获取变得困难。

（4）调查有哪些项目和组织，以及它们建立恢复力需要些什么。这可能包括技术，但也可能包括增加资金、更好的基础设施、保护免受开发或媒体关注。甚至可能它们需要独处。与从业者交谈。

（5）我们不需要万事都"智能化"，但我们需要有聪明的头脑。并非农业的每个特征都是需要"解决"的"问题"——有些只是经验的产物。遵循实地行动产生的欲望路径，而不仅仅是关注技术原型和炒作的报道。

参考文献

1. Adichie, C. N. "The danger of a single story." In TEDGlobal 2009. https://tinyurl.com/t839ceb.

2. Akpovo, S. M., Nganga, L. and Acharya D. "'Minority-World Preservice Teachers' understanding of contextually appropriate practice while working in majority-world early childhood contexts." *Journal of Research in Childhood Education* 32（2）: 202—218. 2018.

3. Albino, V., Berardi, U. and Dangelico R. M. "Smart cities: Definitions, dimensions, performance, and initiatives." *Journal of Urban Technology* 22（1）: 3—21. 2015.

4. Anderson, C. and Pimbert, M. "The battle for the future of farming: What you need to know." The Conversation（blog）, 2018. https://tinyurl.com/yxpeuxd6.

5. Anguelovski, I. "Healthy food stores, greenlining and food gentrification: Contesting new forms of privilege, displacement and locally unwanted land uses in racially mixed neighborhoods". *International Journal of Urban and Regional Research* 39（6）: 1209—1230. 2015.

6. Barrett, H. and Rose D.C. "Perceptions of the fourth agricultural revolution: What's in, what's out, and what consequences are anticipated?" Sociologia Ruralis. 2020.

7. Birtchnell, T., Gill, N., and Sultana, R. "Sleeper cells for urban green

infrastructure: Harnessing latent competence in greening Dhaka's Slums." *Urban Forestry & Urban Greening* 40 (April): 93—104. 2019.

8. Born, B. and Purcell, M. "Avoiding the local trap: Scale and food systems in planning research." *Journal of Planning Education and Research* 26 (2): 195—207. 2006.

9. Bos, E. and Owen L. "Virtual reconnection: The online spaces of alternative food networks in England." *Journal of Rural Studies* 45 (June): 1—14. 2016.

10. Brookfield, H. *Exploring Agrodiversity*. Columbia University Press. 2001.

11. Burnett, E. "Bringing everyone to the table: Food-based initiatives for integration." Urban Food Futures (blog), 2020. http://urbanfoodfutures. com/2020/04/23/tcn.

12. Burnett, E. and Owen L. "Coronavirus exposed fragility in our food system: It's time to build something more resilient." The Conversation, 2020. https://tinyurl.com/y2v43kk8.

13. Cabannes, Y. and Raposo, I. "Peri-urban agriculture, social inclusion of migrant population and right to the city." *City* 17 (2): 235—250. 2013.

14. Checker, M. "Wiped out by the 'Greenwave': Environmental gentrification and the paradoxical politics of urban sustainability." *City & Society* 23 (2): 210—229. 2011.

15. Costello, C., Oveysi, Z., Dundar, B., and McGarvey R. "Assessment of the effect of urban agriculture on achieving a localized food system centered on Chicago, IL using robust optimization." *Environmental Science & Technology* 55 (4): 2684—2694. 2021.

16. Curran, W. and Hamilton T. "Just green enough: Contesting environmental gentrification in Greenpoint, Brooklyn." *Local Environment* 17 (9): 1027—1042. 2012.

17. Davis, L. "Lessons from COVID: Building resilience into our food

systems." 2020.

18. Open Food Network UK (blog), 7 September 2020. https://tinyurl.com/yxcnqo5u.

19. Dickinson, M. "Black agency and food access: Leaving the food desert narrative behind." *City* 23 (4—5): 690—693. 2019.

20. Doherty, B., Ensor J., Heron T., and Prado, P. "Food systems resilience: Towards an interdisciplinary research agenda." *Emerald Open Research* 1 (January): 4. 2019.

21. Fairlie, S. "A short history of enclosure in Britain." *The Land Magazine*, Summer edition, 2009. https://tinyurl.com/y242s6kq.

22. FAO. World Food Summit: Food for All. Rome: FAO. 1996. http://www.fao.org/3/x0262e/x0262e00.htm.

23. Feenstra, G. "Creating space for sustainable food systems: Lessons from the field." *Agriculture and Human Values* 19 (2): 99—106. 2002.

24. Forssell, S, and Lankoski, L. "The sustainability promise of alternative food networks: An examination through 'Alternative' characteristics." *Agriculture and Human Values* 32 (1): 63—75. 2015.

25. Gliessman, S. "Transforming our food systems." *Agroecology and Sustainable Food Systems* 42 (5): 475—476. 2018.

26. Goldstein, B., Hauschild, M., Fernández, J. and Birkved, M. "Urban versus conventional agriculture, taxonomy of resource profiles: A review." *Agronomy for Sustainable Development* 36 (1): 9. 2016.

27. Gould, K. A. and Lewis, T. L. *Green Gentrification: Urban Sustainability and the Struggle for Environmental Justice*. Routledge. 2016.

28. Holt-Giménez, E. "From food crisis to food sovereignty: The challenge of social movements." *Monthly Review* 61 (3). 2009. https://tinyurl.com/y2cowwzw.

29. "Food Security, Food Justice, or Food Sovereignty?" *Institute for Food and Development Policy* 16 (4). 2010. https://tinyurl.com/y4ekex4w.

30. Holt-Giménez, Eric, and Annie Shattuck. 2011. "Food crises, food regimes and food movements: Rumblings of reform or tides of transformation?" *The Journal of Peasant Studies* 38 (1): 109—144. https://doi.org/10.1080/030661 50.2010.538578.

31. Holt-Giménez, E., Shattuck, A., Altieri, M., Herren, H., and Gliessman, S. "We already grow enough food for 10 billion people and still can't end hunger." *Journal of Sustainable Agriculture* 36 (6): 595—598. 2012.

32. Kaufman, A. C. "A future farming industry grows in Brooklyn." HuffPost UK. (blog). 2017. https://tinyurl.com/y3sogwd4.

33. Kenton, S. "Desire lines: What our food practice during COVID tells us about the food system we want." Nourish Scotland (blog), 17 July 2020. https://tinyurl.com/y2wg6xwo.

34. Kirwan, J., Ilbery, B., Maye, D., and Carey, J. "Grassroots social innovations and food localisation: An investigation of the local food programme in England." *Global Environmental Change* 23 (5): 830—837. 2013.

35. Klerkx, L, Jakku, E., and Labarthe, P. "A review of social science on digital agriculture, smart farming and agriculture 4.0: New contributions and a future research agenda." *NJAS: Wageningen Journal of Life Sciences* 90—91 (December): 100315. 2019.

36. Lockie, S. "Bastions of white privilege? Reflections on the racialization of alternative food networks." *International Journal of Sociology of Agriculture and Food* 20 (3): 409—418. 2013.

37. Lowder, S. K., Skoet J., and Raney T. "The number, size, and distribution of farms, smallholder farms, and family farms worldwide". *World Development* 87 (November): 16—29. 2016.

38. Maughan, C. and Ferrando, T. "Land as a commons: Examples from the UK and Italy." In Routledge Handbook of Food as a Commons, edited by Jose Luis Vivero, Tomaso Ferrando, and Olivier De Schutter. 2018. https://tinyurl.com/

y42afjx6.

39. Maye, D. "'Smart Food City': Conceptual relations between smart city planning, urban food systems and innovation theory." *City, Culture and Society* 16 (March): 18—27. 2019.

40. McClintock, N. "Radical, reformist, and garden-variety neoliberal: Coming to terms with urban agriculture's contradictions." *Local Environment* 19 (2): 147—171. 2014.

41. "Cultivating (a) sustainability capital: Urban agriculture, ecogentrification, and the uneven valorization of social reproduction." *Annals of the American Association of Geographers*: 1—12. 2017.

42. O'Sullivan, C. A., G. D. Bonnett, C. L. McIntyre, Z. Hochman, and A. P. Wasson. 2019. "Strategies to improve the productivity, product diversity and profitability of urban agriculture." *Agricultural Systems* 174 (August): 133—44. https://doi.org/10.1016/j.agsy. 2019.05.007.

43. Perng, S., Kitchin, R., and Donncha, D. M. "Hackathons, entrepreneurial life and the making of smart cities." *Geoforum* 97 (December): 189—197. 2018.

44. Peterson, V. S. "Sex Matters." *International Feminist Journal of Politics* 16 (3): 389—409. 2014.

45. Pingali, P. L. "Green revolution: Impacts, limits, and the path ahead." *Proceedings of the National Academy of Sciences* 109 (31): 12302—12308. 2012.

46. Reed, M. and Keech, D. "Making the city smart from the grassroots up: The sustainable food networks of Bristol." *City, Culture and Society, City Food Governance* 16 (March): 45—51. 2019.

47. Ritchie, H. and Roser, M. "Urbanization." In Our World in Data. 2018. https://ourworldindata.org/urbanization.

48. "Environmental impacts of food production." In Our World in Data. 2020. https://ourworldindata.org/environmental-impacts-of-food.

49. Rockström, J., Steffen, W., Noone, K. et al. A safe operating space for

humanity. *Nature* 461, 472—475. 2009.

50. Rodionova, Z. "Inside London's first underground farm." The Independent, 31 March 2017, Sec. News. 2017. https://tinyurl.com/y38rn57f.

51. Roser, M., and Ritchie, H. "Food supply." In Our World in Data. 2013. https://ourworldindata.org/food-supply.

52. Roser, M., Ritchie, H., and Ortiz-Ospina, E. "World population growth." In Our World in Data. 2013. https://ourworldindata.org/world-population-growth.

53. Scott, J. C. *Against the Grain: A Deep History of the Earliest States*. Reprint Edition. Yale University Press. 2018.

54. Shiva, V. *The Violence of the Green Revolution: Third World Agriculture, Ecology, and Politics*. University Press of Kentucky. 2016.

55. Simms, A. "Nine meals from anarchy: Oil dependence, climate change and the transition to resilience." New Economics Foundation. 2008.https://neweconomics.org/2008/11/nine-meals-anarchy.

56. Smith, J. and Jehlička, P. "Quiet sustainability: Fertile lessons from europe's productive gardeners." *Journal of Rural Studies* 32 (October): 148—157. 2013.

57. Soubry, B., Sherren, K., and Thornton, T. F. "Farming along desire lines: Collective action and food systems adaptation to climate change." *People and Nature* 2 (2): 420—436. 2020.

58. Standaert, M. "A 12-storey pig farm: Has china found the way to tackle animal disease?" The Guardian, 18 September 2020, Sec. Environment. 2020. https://tinyurl.com/yyz9porw.

59. Steel, C. *Hungry City: How Food Shapes Our Lives*. London Random House. 2013.

60. Vanolo, A. "Smartmentality: The smart city as disciplinary strategy." *Urban Studies* 51 (5): 883—898. 2014.

61. Varley-Winter, O. Roots to Work: Developing Employability through

Community Food-Growing and Urban Agriculture Projects. City & Guilds Centre for Skills Development and Sustain's Capital Growth. 2011. https://www.sustainweb.org/publications/roots_to_work/.

62. Vidal, J. "Hi-tech agriculture is freeing the farmer from his fields". *The Guardian*, 20 October 2015, Sec. Environment. 2015. https://tinyurl.com/yxoyknlv.

63. Vos, R. "Is global food security jeopardised by an old age timebomb?" The Guardian, 4 February 2014, Sec. Global Development Professionals Network. 2014. https://tinyurl.com/mnv75xk.

64. Wang, X. "Behind China's 'Pork Miracle': How technology is transforming rural hog farming." The Guardian, 8 October 2020, Sec. Environment. https://tinyurl.com/y3x6zn7f.

65. Ward, N. "The agricultural treadmill and the rural environment in the post-productivist era." *Sociologia Ruralis* 33 (3—4): 348—364. 1993.

66. WinklerPrins, A. A Survey of Urban Community Gardeners in the United States of America. CABI. 2017. https://www.cabi.org/bookshop/book/9781780647326/.

————— 第四章 —————

可持续食品：数字农业技术的作用

托比·莫特拉姆

4.1 引言：数字农业技术

几千年来，在农业中使用的技术都是高度以人为中心，以个人能够记住的东西以及结合习俗和实践的民间记忆作为基础。其动力由人类自己和在一万多年前就已被驯化的动物提供。许多农业实践都与宗教节日仪式密切相关，这些活动能够提醒其信者播种和收割的时间。当时的生产力和创新低下，食品贸易很少，因此饥荒经常发生（Appleby, 1979; Campbell & O Grada, 2011）。自 18 世纪中叶以来，农业创新浪潮已经改变了我们的能力范畴，我们已经能以种类繁多的食物来养活大量增加的人口。随着新技术的到来，创新浪潮已经出现，每一种技术都巩固并加强了前一时期开发的技术。而粮食不安全在世界各地仍然普遍存在，但更多的是由与农业技术无关的因素所造成。

当前，我们正处在可以被称为第四次农业革命的新一轮创新浪潮中。因此值得我们对在创新浪潮中发生了什么，引入了什么技术以及将来会如何被取代进行回顾检讨。

本章将阐述第四次农业革命，作为农业工程领域的一个众所周知的现象，如何具有改变现代食品经济的巨大潜力。其特点是将计算机控制应用于机器，例如机器人挤奶系统或精准农药喷洒。本章回顾了正在进行的农业革命的各种技术投入的特点，为讨论数字农业技术如何帮助应对不断增长的城市人口的挑战提供了背景，这些挑战包括不断变化的粮食需求、减少污染、最大限度地减少资源浪费以及满足社会和政治要求（见图 4.1）。

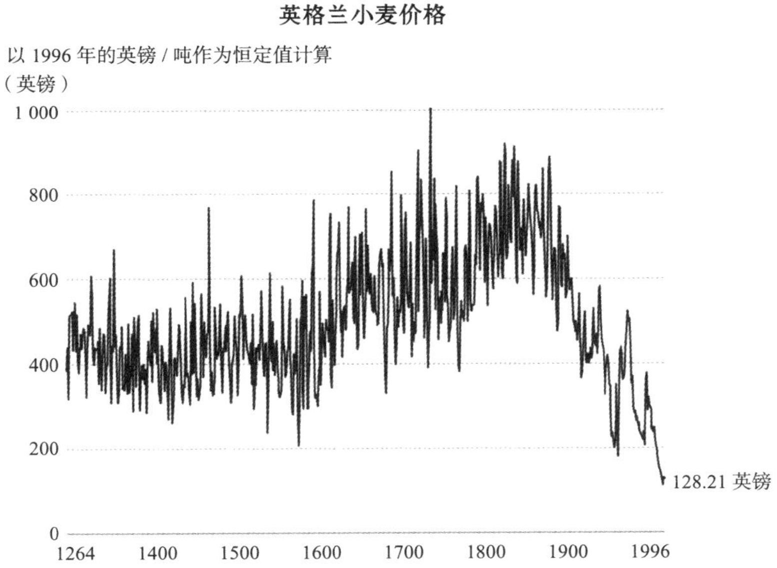

英格兰小麦价格

资料来源：Makridakis, Wheelwright, & Hyndman（1997）—*Forecasting: Methods and Applications*. Wiley。

图4.1　人口增长、工业发展和短缺推动了18世纪和19世纪小麦价格的上涨。贸易壁垒的减少导致了前所未有的低价。这种主食也达到了历史上的最低价格

由于农业文化和食品选择对气候变化和人类健康的影响是创新的重要驱动力，我们会对每一种生产技术和产品进行回顾检讨。

4.1.1　第一次农业革命

1707 年的英国，在苏格兰和英格兰联盟建立了一个不断增长的单一市场之后，农业革命就开始了，基于实验的新技术在此被开发（Smout & Fenton, 1965）。土地围栏、田间排水、选择性育种、拖拽设备和氮肥（运用了人类和动物粪便）等技术都在为英国人口提供食物上发挥了作用。这些人口在 1700 年估计为 600 万，在 1841 年的人口普查中显示为 1 750 万。农业研究随着罗萨姆斯特德（Rothamsted, 1843）等研究站和皇家农业学院（1845）等学术中心的创立而正规化。这是一场基于启蒙思想的从传统转向实验的革命。知识通过文献印刷品和现场演示而传播。农业变成了可以学习的东西。在英国所谓的"改良者时代"，农业很少如此重要（Smout, 1987），但就算在那个时候，最激进的创新和发现（蒸汽动力、化学、电力）也都由其他行业领域所推动。随着小麦价格的上涨，对饥荒的恐惧持续存在，马尔萨斯（Malthus, 1798）发表了一个数学模型，预测随着人口增长超过生产，将导致大规模饥荒。然而从那时起，农业创新和生产力的进步持续地否定了马尔萨斯的假说。这在很大程度上是通过耕地面积的大幅扩张实现的。

4.1.2　第二次农业革命（1914 年至 20 世纪 80 年代）

随着 19 世纪欧洲人口的快速增长，以及其在美洲、澳大利亚、非洲、北亚和中亚开发的殖民地，对新技术的需求迫在眉睫。对英国来说，国内生产不足以维持人口，因此利用了粮食产品的全球贸易扩张来补充。随着进口关税（谷物法）的废除，谷物在 1846 年后被大规模进口。而食品保存的新技术，如罐头和制冷，使肉类和乳制品的长途运输成为可能。19 世纪 70 年代之后，横贯大陆的铁路和可以长途运输新鲜食品的轮船，使全球粮食运销得以扩大。由于农业取代了原住民的狩猎 / 采集者模式和自给农业社会，这实际上扩大了可供耕种的土地面积。然而，随着世界各地其他人口的增长，为解决对粮食资源的竞争，我们需要更加技术性的解决方案。在 1898 年英国协会会议上首次提出的小麦问题（the Wheat Problem）（1917）中，克鲁克斯（Crookes）讨论了在加拿大、美国和澳大利亚新开垦的土地上种植的谷物产量的下降。最初土壤中储存的氮、磷、钾需要补充，且来自太平洋岛屿鸟粪的硝酸盐

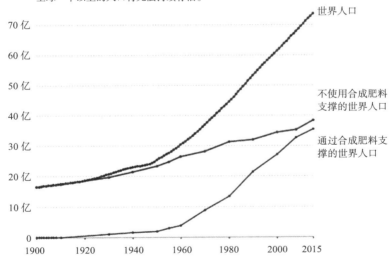

使用 / 未使用合成氮肥（进行生产粮食）来支撑的世界人口数量

全球范围内依赖哈伯-博施法生产的合成氮肥进行粮食生产的人口数量估值。据可靠估算，如果没有哈伯-博施法生产的活性氮肥，全球一半以上的人口将无法持续存活。

图4.2　合成肥料的发明可能使可以果腹的人数增加了一倍，但这是否可持续是一个紧迫问题

储量几乎耗尽。20 世纪初，哈伯-博施法（Haber-Bosch process）的发明解决了第二次农业革命路程上燃眉之急的氮问题（Briney, 2020）。

从大气沉积的 6 kg N/Ha 提高到人造肥料的 100 kg N/Ha，每公顷产量的大幅增加得以实现，尽管通常以具有不同程度危害的氮、磷化合物造成的水和空气污染作为代价。在过去 100 年里，合成氮肥的引进使人口大幅增加，但污染的外部化问题紧迫到无法再忽视下去（见图 4.2）。

4.1.3　第三次农业革命（20 世纪 20 年代至今）

内燃机和农村的电气化使得劳动生产率大幅提高，而植物育种、除草剂和杀虫剂上的突破（20 世纪 60 年代的绿色革命）使产量大幅提高，特别是在发展中国家（Ameen & Rasa, 2018）。机器动力消除了繁重的劳动并大大提高了能力范畴，也为机器的自动控制提供了平台。

第二次和第三次农业革命的局限性在于，生产的边际收益不包括如环境破坏等外部性成本，也不包括如动物福利等内在产品质量成本。这导致许多农业技术，尤其是化学应用、农用化学品和基因操纵开始变得有争议性，因为它们可能导致污染、环境退化，并最终引起消费者和政治上的抵制。

与此同时，特别是在世界上较富裕的地区，愿意从事许多难以机器化工作（如采摘蔬菜水果）的农村熟练劳动力已经渐渐流失。而动物福利管理也需要一定程度的耐心和介入，人类很难始终坚定地保持此态度。绿色革命和日益增加的机械化产生的另一项发展是农民资本要求的增加，这往往会促进规模经济并减少小农场在价格上竞争的机会。

4.1.4　第四次农业革命（20 世纪 80 年代以后）

1991 年，在苏联政治体制崩溃和德国重新统一开始几个月后，由欧洲农业工程学会主办的农业工程系列会议恰巧在柏林举行。会议的气氛非常乐观，尤其因为价格低廉的电子产品和计算的影响开始显现。作者非常清楚地记得朔恩（Schon）教授的一篇论文，讲述了我们如何通过将动力（内燃机和电力）应用于机器，使效率大幅增加来实现农业生产力的革命。他指出，既然我们现在能够通过计算和传感来实现智能，那么这种技术对于生产力也可以产生类似的影响。遗憾的是，他在能够实现自己的预测之前就去世了，但他的论文从那时起就对作者的思考产生了影响，并且有幸积极参与了这场革命。这远不止步于运用传感器和电子设备提高机器效率。目前有了新技术，可以彻底改变为日益城市化的人口提供食物的系统。现在我们给奶牛挤奶经常用的是机器人，并且还可以精确地监测奶牛的健康，在动物受疾病侵害前尽早发现。自主机器和系统有可能在很大程度上取代农业中的人类，除了监督和战略规划角色，甚至一旦我们学会信任计算机算法的命令和控制，连这些角色也可以由机器取代。与第一次工业革命一样，这个过程可能需要几十年的时间，并且随着环境和气候变化也可能永远无法完全实现。我们已经具有让软件储存农业知识，并在农民的监督下由机器人来实施的能力。畜牧业对外部环境的影响现在可以内置到软件中，例如施肥的时间点可以与天气系统和作物需求精确匹配，以最大限度地减少易受降雨刺激产生的一氧化二氮排放。例如，机器人拖拉机可以预测其工作的最佳时间，并在不适合人类操作员驾驶的时间段作业。

数字农业技术的目的是使用闭环控制。通过这种控制，传感器的测量数据能够被用来控制系统，以提高农业生产力以及限制对环境的破坏。它与世界各地城市生活人口的持续增长以及减少温室气体排放的迫切需求密切相关。很少存在不受数字技术影响的领域，同时本研究将要讨论的农业和环境的概念，在未来也可能在社会变化的影响下再次发生变化。

4.2　传统农业的商业模式

4.2.1　对农业的投入

在农业革命之前，农业的主要需求是大面积的土地和劳动力。太阳能、雨水和年度的大气氮沉积为植物提供了养分。通过利用动物觅食和消化人类不可食用的营养物质的能力，一种小循环的营养流被开发出来，提供了高质量的动物蛋白，如鸡蛋、肉类和奶制品。这使得社会能够回收作物养分，并从质量较差的牧场和森林土地带来养分，使这个有机生产系统得以在 1800 年支撑全球的约 10 亿人口。

土壤养分是通过轮作休耕的土地，加上从人类开始聚集的城镇中带回的"夜香"作为补充来维持的。在整个 19 世纪，营养补充剂开始依赖进口的鸟粪和矿山中的氮和磷酸盐。来自城市中心的人类排泄物的使用在 20 世纪减少了，因为在第一波建成的城市基础设施中，道路和建筑排水系统的雨水径流中的金属和无机化学物质污染没有与下水分开。在 21 世纪，这一问题正在得到解决，但从全球来看，从人类排泄物中的氮回收不足仍然是一个巨大的问题。

随着第二次农业革命使用化石燃料合成氮肥，农民得以专注于生产可耕地或牲畜产品，因此营养物质的循环性在很大程度上失败了，农场变得更像加工厂。耕地成为将化肥和种子加工成碳水化合物和油的专业户。动物养殖场变得集约化，并依赖于购买谷物、食品加工副产品作为大部分动物的饲料投入；粪便通常在廉价化石燃料运输的推动下循环出售给邻居。随着营养物质循环的破坏，这两个系统都变成了污染源。

现代农场主要依靠工业加工和技术支持的投入。这些农场不仅使用大量肥料，还使用除草剂和杀虫剂。为了保持动物健康，他们使用疫苗、抗生素和杀虫剂。其机械由专门从事农业机械的工程公司开发和销售。这对于机器人系统和传统人工控制的拖拉机来说都是如此。这些技术的发明部分得到了来自政府对研究开发的支持资助。初级农产品已完全融入工业体系，应将其视为经济的一个组成部分，而不是一种遥远的他物。

尽管农业在使用人力方面变得越来越高效，但为商店提供投入及供应食品的辅助和分销行业约占英国劳动力的 14%。在新冠疫情紧急封锁期间，此领域的重要性变得尤为明显，当时必须对关键岗位工作人员分类，才能维持食品供应。其他更风行、更受欢迎的行业，如航空和旅游，被证明是最受欢迎的奢侈品，至少可以暂时关闭。随着气候危机的恶化，这可能会影响社会的看法。

规模经济带来的好处会带来大规模农业，这使得谷物和肉类变成可以很容易运输、储存并可以再加工成许多食品的平价大宗商品。一个更容易受到贸易中断影响的部门是蔬菜和水果等易腐产品，它们通常需要长途跨境运输。这些产品为城市农业的发展提供了巨大的机遇。

4.2.2 政府为何要补贴农业？

在许多国家，政府通过各种措施来补贴农业，直接措施包括市场支持和直接拨款（欧盟的单一农场付款），间接措施包括免税。其原因更多与历史和政治有关，而不是生产更多粮食的需求，因为粮食至少在近半个世纪以来一直很丰富。

政府对农业的补贴制度是由政治力量推动的，这些政治力量因国家而异，但往往因为注重易于管理的生产补贴而加剧了污染倾向。在较富裕的国家，农业组织的主要形式是私人所有制，这增强了补贴游说团体的政治力量。土地由其所有者或租户耕种。

许多国家都尝试过集体所有制，但在很大程度上未能取代私人所有制，或者被精英阶层篡改，以有效地控制集体所有制。自古以来，几乎所有国家的私人所有者都拥有很大的政治权力，并用此政治权力来保护他们的利益。对于土地所有者霸权的唯一威胁来自社会工业化后从贸易和工业中产生的财富和权力积累。然而，土地所有权的威望通常导致工业所有者倾向于通过婚姻和购买，与现存的霸权主义土地所有者的利益相结合。

在国民心理中，农业是农业政策的驱动因素，偶尔会有理性的政策努力将农业补贴转向污染更少的方向，对这一作用的情感和社会态度是不可能忽视的。随着对农业的补贴在 20 世纪 80 年代达到顶峰，很明显，对食物生产，特别是对大面积可耕作物和传统肉类和奶制品的关注，对环境有着不利影响。清除树篱和开垦古草原的补贴明显破坏了历史景观。自 20 世纪 80 年代以来，越来越多的农业补贴（根据共同农业政策 CAP 的"支柱 2"高达 15%）用于植树、池塘恢复和在田地边缘和永久牧场播种野花。一个流行说法是生态服务——清洁的水和空气以及野生动物的回归。

2020 年，英国政府发布了一份绿皮书（Defra, 2020），讨论了英国脱欧后时代的这些问题，并提出了新的政策方向，尤其是为公共物品——清洁的水和空气、可持续的野生动物和高动物福利——

向农民支付公共资金的计划。政府还将激励农民购买自动化和机器人系统。由于新冠疫情，这些政策举措被推迟，因此它是否会鼓励更具可持续性的实践做法还有待观察。多年来，开发环境质量和动物福利的测量技术一直是一个重大挑战，其工作也远未完成。

4.3　粮食不安全

支持补贴生产的一个常见论点是粮食安全的必要性。粮食安全的定义相当薄弱。相反，在国家层面定义粮食不安全会更容易些，粮食不安全是指需要进口粮食才能满足人口的最低营养需求。有 34 个国家需要进口粮食来维持当地人口，这些国家在非洲以及冲突地区，而其原因有很多种，如战争、不稳定的政治、低效率的农业实践、糟糕的运输和疲软的市场。世界上较富裕的国家也是主要的食品进口国，以美国和中国为首，但它们的进口主要是为了提供各种各样的营养以及为消费者提供更多的食物选择。有充分的证据表明，英国和美国相当一部分公民经常挨饿，甚至缺乏主食。这种不安全源于多种原因，商店爆满并不能解决这个问题（Ledsom,2020）。

为粮食提供补贴的富裕国家往往需要处置盈余，这会导致价格下跌并打击其他国家发展农业的积极性。根据农业和贸易政策研究所（Institute for Agriculture and Trade Policy, IATP）的数据，2015年美国以倾销水平的价格出口了主要农产品：玉米售价比生产成本低 12%，大豆低 10%，棉花低 23%，小麦低 32%。这对于在进口这些产品的国家的农民来说，明显地造成了对增产积极性的打击。

即使在富裕国家，中小型农民收入也很低。由于家庭传统和历经几代人的所有权带来的强烈情感，"要么做大要么滚"的口头禅，对于老年农民来说是一个令人难以接受的概念。他们通常情况下很难获得更多的土地和耕种所需的资本。法国是一个拥有大量生产性土地的富裕工业国家，一直是农业补贴的主要支持者，其意图交织着多重不同的动机。直到20世纪后期，该政策可能源于军事需要，即在20世纪末之前，将小农场作为应征入伍军队的招募基地。政治家等对神秘的"深久的法兰西"（La France Profonde）①的援引在观念上是本地主义的，并最终似乎在国际大众文化面前逐渐消退。法国从欧盟的共同农业政策中获得了很大一部分补贴，但许多农民依靠其极低的收入几乎无法生存。需要农业补贴的一个常见说法是它能够维持农村生活，但农场数量急剧下降，土地变成由规模更大且可能效率更高的单位耕种。政策需要利用这种政治和社会愿望，创造一种田园牧歌式的、手工的地方主义的食品补贴，而不是补贴那些持续存在盈余的大宗商品的生产。最好的做法是鼓励对需求不断增长的产品（如香草、特种蔬菜和利润率较高的农产品）进行专业化生产。

4.4 环境管理

4.4.1 重新思考农场的概念

农场的文化理念往往与现实相冲突。儿童读物中的农场使许多

---

① 深久的法兰西指代表永恒的法兰西心理文化和人口地域。最早由巴黎人用来指与巴黎文化相反的省份，指法国最偏远的没有城市化并极度传统的地区。它也可以根据语境转为贬义。——译者注

都市传说被延续、加强。在农场中，总是有一小群一小群各种各样的动物，有牧场，有池塘，还有一个农民家庭。但很少有农场在现实中符合这一点。在发达国家，大多数农场实际上是具有工业投入（肥料、化学饲料、农用化学品、疫苗、遗传学）和工业产出的化学加工厂。任何生产大量过剩食物的农场要么正在消耗土壤肥力的储备，要么正在购买化学品来进行生物加工将其变成有价值的食物。对新农场开发规划的反对意见，更多集中在卡车移动而不是农业活动上。农场应被视为化学加工厂，并应用与其他行业相同的污染控制程序。尽管农场游说团体会强烈反对这些他们所认为的额外成本，但在实践中，通过减少污染物损失，他们将找到回收更多养分并降低投入成本的方法。

4.4.2　人类食物需求

随着进一步的繁荣发展，发达国家普通公民对食物的态度发生了巨大变化，并且这种变化可能会蔓延到其他随着收入增加摆脱贫困的国家。在英国，即使是最低收入的家庭预算中，也只有 14% 用于食品（UK Office of National Statistics, 2018）。膳食的材料可以来自远方，这改变了家庭烹饪和购买即食餐的性质。例如在 18 世纪，英国的饮食依赖于季节性蔬菜、储藏好的土豆以及新鲜屠宰的动物和当地捕获的鱼肉。作为补充，有面包和乳制品，以及作为奢侈品的糖、茶和咖啡。随着技术发展，苹果、冷冻鱼类和肉类等低温产品能够从世界各地引进，饮食也开始发生变化。20 世纪后期开始，在较富裕的国家，人们可以从世界各地购买新鲜的水果和蔬菜，这样季节性就几乎消失了。我们也能够买到各种各样的干货和加工产品，因此始终可以接触到多样化的饮食。作为蛋白质来源的肉类和鱼类也已经开始被加工的植物产品（大豆、棕榈油、玉米）和菌丝体所取代。实验室中培养的肉类经常被推广为肉制品的替代品，但在细胞培养物不再依赖于从动物血液衍生的血清之前，这很难被视为屠宰动物的替代品。

很可能会有越来越多的加工原料蛋白质使用生物技术通过细胞培养合成蛋白质；然而，这是否会解决蛋白质供应问题，取代动物来源的供应，还只是一个猜想。尽管一直都有人做出关于未来粮食短缺的马尔萨斯主义预测，但低且稳定的粮食价格表明，总供应量还不会成为一个制约因素。我们还能够了解到，生产的粮食中有很大一部分被浪费了，而且相当大一部分土地已经被重新野化了。除非粮食供应充足，否则不会出现这样的景象（见图 4.3）。

虽然我们应该为生活在一个我们的祖先不曾拥有的粮食供应的

农作物与石油价格的商品价格指数（1850—2015 年）

全球农作物与石油价格的商品价格指数，以 1900 年为基准的相对价格（1900 年价格 =100）

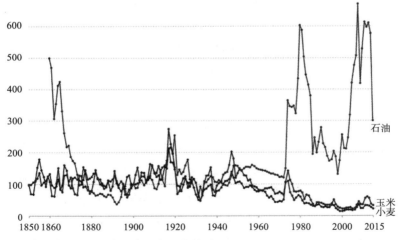

资料来源：1850 年以来的商品价格（Commodity Prices since 1850）—Jacks（2016）。

图4.3　我们很难在主食产品（玉米和小麦）价格保持如此低位并稳定的情况下发现即将出现的危机

时代感到高兴，但我们也必须考虑到高供应量的食物对人类健康产生的影响。世界卫生组织已经宣布，肥胖是一种全球流行病，现在已经超过饥饿成为主要的营养问题，并且即使在一些发展中国家也是如此（WHO, 2004）。新冠疫情对肥胖人群的影响凸显了这一点。

传统上，对食物中人类可用能量的分析是由拉瓦锡（Lavoisier）在 18 世纪 80 年代发明的量热方法进行的。将食物放在卡式炉的玻璃球体内加热，直至燃烧并释放出热量。一个世纪后，一种基于食品宏观成分量热法——阿特沃特法（Atwater method）——的公式化方法被广泛接受。从那时起，人们发现了微量营养素（维生素、矿物质等）的作用以及（最近的）人体微生物组。因此，基于过时方法的食品标签可能无法反映消化的复杂性。将脂肪纯粹视为能量来源可能是一个重大错误，因为它们在许多细胞过程中起着重要作用。有越来越多的批评认为，对胆固醇作为心脏病前兆的关注是一个错误的假设，需要修订健康饮食指南（Rader & Tall, 2012）（见图 4.4）。

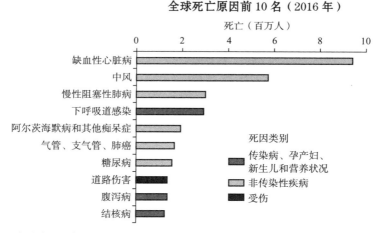

全球死亡原因前 10 名（2016 年）

资料来源：《2016 年全球卫生评估：按原因、年龄、性别、国家和地区分列的死亡人数（2000—2016）》，日内瓦，世界卫生组织，2018。

图4.4　死亡的主要原因是与生活方式、营养和吸烟有关的疾病

在过去的 50 年里，一项批评和限制人类饮食中动物脂肪的政策，与肥胖症的日益流行以及 2 型糖尿病作为全球死亡主要原因（通过心脏病和中风）的增长相并而行。虽然人类肥胖增加的多数原因，可能是久坐不动的生活方式和温度受控环境的结果，但其中也有饮食相关的因果因素，如在加工食品中使用快速消化的高能量成分，如糖和高果糖玉米糖浆（HFCS）。根据阿特沃特系统，食物中的脂质仅仅增加能量摄入，而它们还含有许多微量营养素，这些营养素会影响与食欲和细胞维持相关的激素调节功能。越发显而易见的是，由于美国心脏协会错误地将乳制品与血液和心脏病中的胆固醇相关联，不仅乳制品不断受到负面宣传，且心脏病也没有被成功减少（Teicholz, 2014）。黄油与人造黄油的争论忽略了各种加工食品中仍然无处不在的有毒的反式脂肪。更大的问题可能是大公司从农业补贴的副产品中找到的廉价材料。即使在科学事实已经清楚的情况下，大公司也会运用其权势游说政府并支持用公关力量资助的科学研究，以把政策制定的注意力从解决实际问题上分散出去。对于"地中海饮食"等关键概念，通常很难找到一个可验证的定义，这似乎是在战后贫困时期四旬斋期间，在希腊基督教科孚岛进行的一项短期研究中产生的。

反式脂肪的失败掩盖了更大的问题，即关于加工产品的性质，以及营养科学在促进健康、福祉和预防疾病方面的真正目的。斯克里尼思（Scrinis, 2014）重点指出了营养科学被用来实现销售而不是启发公众的做法。他建议我们应该提倡食物的质量，而不是在主要营养素上使劲做减法。从根本上改变工业社会的方向、摆脱对食品加工公司的依赖需要一个政治进程，但似乎没有任何人有兴趣这么做。新冠疫情对肥胖人群的影响可能成为政治行动的催化剂；例如英国政府于 2020 年 7 月 6 日启动的宣传活动。然而，在通过立法和得到执行之前，这仍然是一种愿望，而不是一种行动。

政治进程中的一个严重危险来自游说团体，尤其是那些利用社交媒体技术与商业利益结盟的游说团体，可能会严重影响人们对食品态度。虽然缺乏将健康与纯素饮食关联起来的事实，但这并没有阻止人们臆想它与健康饮食、低脂肪摄入量和总体福祉之间的关联。懒惰的思维使名人和媒体能够推广主要基于工业蛋白质和能量来源的饮食。用豆奶替代本地生产的牛奶的"生命周期分析"，很少被作为做此切换的理由，这似乎更多由饮食时尚而不是环境政策驱动。因为人们认为低脂肪食物是健康的，已经出现了更不健康的糖和更易消化的淀粉替代品。

4.5　动物在可持续农业中的作用

在世界各地，大多数人都是不情愿的素食主义者，他们很少吃肉，是因为成本很高。随着收入的增加，对肉类和乳制品的需求也随之增加。由于工业化和城市化引起的收入攀升，自 20 世纪 60 年代以来，东亚人均肉类消费量翻了两倍，到了 21 世纪初，这个数字已经达到人均 40 千克以上。撒哈拉以南非洲和东南亚的人均需求量约为 10 千克，但随着这些经济体的增长，对肉类的需求也可能会随之飙升。对于世界上绝大多数人，特别是发展中国家的人来说，牲畜产品仍然是兼具营养价值和味道的理想食物（WHO，2020）。肉类和牛奶中的优质蛋白质和微量营养素对改善儿童营养有重大影响。肉类和乳制品需求的增长对农业和环境管理提出了挑战。

反刍动物（牛、绵羊、山羊）的传统食物来源是放牧或在土质薄的地方觅食饲料，从不适合人类食用的谷物和副产品（甜菜浆、啤酒糟等）中补充能量和蛋白质。这是对资源的有效利用，特别是动物粪便作为养料在农场被循环利用。同样，对于家禽和猪来说，人类食物的副产品（泔水）曾经是它们食物营养的主要来源。对于使用泔水的健康担忧导致它从 2001 年开始在欧盟被逐步淘汰。现在，猪和家禽的大部分营养物来自谷物和农作物，因此出现了与人类生产需求的竞争。恢复从人类食物厨余中提取营养物质，并加强对加工过程的控制，以杀死病原体，似乎是减少动物谷物消费的一个简单的发展方向。

虽然在发达国家，对于素食主义和纯素食主义的兴趣一直在增长，但它的驱动力量往往是由道德和个人动机，加之加工产品的大量广告在背后的支持。政策的推动力应该是鼓励有效利用养分的生产方式，同时保持草原的生态系统，因为基于养殖动物的生产就是从草原上演变而来的。自史前时期以来，养殖牲畜就在森林管理、景观和草原生态中发挥了重要作用。由于运输材料的能源成本低，以及将动物关在室内造成的管理简化，系统已经扭曲。随着数字技术对放牧动物管理的影响，后一种趋势可能会减少。数百只带有标签的动物可以被远程监控，而无需将其关在建筑物中。然而，这种趋势本身会导致新的管理问题；有报告声称大量散养母鸡的粪便污染了怀伊河，并导致水中藻类的增加使其变绿。在过去的十年里，有 1 000 万只母鸡被转移到这条 134 英里长的河流旁边的农场，这条河流从威尔士中部沿着英国边境流入塞文河口。怀伊和乌斯克基金会（Wye and Usk Foundation）的首席执行官西蒙·埃文斯（Simon Evans）呼吁采取行动"从国民想吃更多散养鸡蛋的欲望中保护河流"（Atlantic Salmon Association, 2020）。

新冠病毒（COVID-19）也突显了感染动物的病毒与导致人类

疾病的病毒之间的密切联系。人类的免疫反应是由于长期接触动物病毒而发展和调整的。达卡尔等（Dhakal et al., 2019）发现，接触农场动物和母乳的农村阿米什婴儿肠道中的细菌和其他微生物，远比城市婴儿肠道中的细菌和其他微生物多样化。这是在儿童时期接触病原体能够使肠道微生物群更健康，而可能致使呼吸免疫系统更强健发育的证据。随着城市化的继续，我们似乎有必要通过食物补充剂（益生菌）和疫苗接种，甚至增加儿童与病原体的接触（可能是能够接触抚摸动物的农场）来维持强大的免疫系统。

4.6 数字农业技术

自 20 世纪 80 年代以来，传感器一直在稳步应用于控制农场的工艺流程，特别是在发达国家，可以对机械进行调整去适应新的模式。这些系统部分由市场拉动安装，用以减少劳动力投入并提高机器效率。机器供应商推动了性能数据采集，从而实现了预测性维护。即使在不那么发达的国家，移动电话的广泛使用也使信息流通变得更好，特别是市场价格的信息，使得生产商能够做出更好的销售决策。

原则上，谷物种植的田间作业可以完全自动化，现在通常只需要在田间的边界进行安全干预，以及将机器从一个田地移动到另一个田地（Harper Adams University, 2019）。在田野中的导航和机器管理也可以完全自动化。由于可耕作物生长在全球范围内的广阔地区，这为数字技术创造了巨大的市场，并且发展迅速。数字农业技术的使用主要是通过提高农药和化肥的施用精确度来降低成本。仅在传感器指示需要的地方施用农药，可以减少农用化学品的使用量。这也将鼓励使用——例如用瓢虫作为蚜虫的天然捕食者的——综合作物管理。希望随着时间的推移，转基因作物和传感技术之间的新融合将取代草甘膦的全面使用——一种凭一己之力使转基因作物和动物的使用在欧盟声名狼藉的技术。数字农业技术在可耕种农业中进一步的应用包括，减少路径选取和现场物流中使用的柴油，以及持续的设备监控以提供更好的服务。然而，高价值作物——田间蔬菜、葡萄藤、水果和坚果——仍然严重依赖人力进行生长管理，尤其是收割。减少移民的政治欲望推动了对自动化收割机的兴趣，但这些技术仍然处于研究的第一阶段，并且由于每种作物都有其独特的要求，所有作物的所有操作都需要多年才能全部实现自动化。工艺流程的自动化更加困难，在开放领域的非结构化环境中，这些流程仍然是主要由手工完成的。成本削减和供应连续性的潜力（例如夜间工作的机器）仍然是一个有待实现的承诺。

在较高价值的畜牧领域已经进行了大量自动化方面的投资。机器人挤奶系统已经销售了20多年，在现代管理系统中占据了3亿头奶牛挤奶系统约5%的市场份额。猪与家禽集约化生产中的通风、饲养系统在很大程度上是自动化的。生产牛肉和饲养场的系统运用了一些数字技术批量管理，但其畜牧业的形式对于一个来自人畜互动时代的牧民来说也能够认出来。在最发达的市场之一美国，政府对动物进行登记仍然存在政治上的反对意见，这在其他国家几十年来一直很常见。

政府参与动物标记的原因是担心其对人类健康的潜在影响，以及处理例如口蹄疫和猪瘟等周期性动物流行病的巨大成本。猪瘟的变种在2019—2021年期间摧毁了越南和中国的小农猪肉产量（Mason-D'Croz et al., 2020），将鼓励这些国家的政府进一步控制。

在欧盟，绵羊的强制性电子识别在其提案后的几年内创造了数以亿计的电子标签的市场。为了改善对可能影响人类的海绵状脑病的控制，第911/2004（EC）号条例（EC 2004a）涉及了山羊和绵羊的耳标、路径和持有登记簿的实施。

强制性动物标记的引入应该会推动农场引入更好的控制方法和记录，但鉴于利润率低下，以及英国绵羊养殖者的平均年龄超过65岁，这在未来几年似乎不太可能。管理生物安全和动物福利所需的专业精神往往不利于小生产者，因为他们往往没有接受培训，也没有动机或时间来运用技术以控制疾病。

目前出售给农民的这套技术中主要被遗漏的是环境监测。到目前为止，英国还没有要求监测农场的污染物流，尽管其他行业已经开始使用了适当的对应技术。农民引入数字技术的主要目的是更好地控制生产，并满足食品购买者的要求。将重点转向公共利益补贴是否会为环境传感器创造一个新的市场，例如监测水和空气的排放，还有待观察。

4.6.1　垂直农业

低耗能发光二极管（LED）灯的发展能够调节以优化植物的光照需求，这引发了室内种植的革命。植物的托盘可以堆叠在LED阵列下，并通过水培技术投喂营养。传统玻璃房屋高度上的物理限制鼓励了"垂直农业"。这些通常安装在城市中心的备用建筑物中。

植物的托盘能够自动移动、监控，除了一些手动操作之外，一切都是自动化的。这些系统可以安装在多余的停车场和地道以及超市的屋顶。该技术非常适合种植能在附近销售的绿叶沙拉菜、香草和高价值作物。因此，作为一项新技术，长期的经济可持续性将取决于电价和对绿叶产品的需求。这些系统非常适合低光照水平（高纬度）和干旱地区，例如远离种植区域的海湾国家城市。

投资成本从每平方米 1 000 到 3 000 英镑不等，具体取决于所需的自动化程度。还款期据说在 5—7 年之间。自然，这项技术在智慧城市中引起了人们的关注，因为生长周期较短，意味着信息流对将作物提供至市场的时间点安排上十分重要。操纵光线可以用来加速或减缓作物的成熟，尽管这存在着一些窄小的限制（Cambridge HOK, 2020）。

4.6.2　社会对种植粮食的态度

消费者可以获得的大量食品是由专业农场生产的，有时这些农场离销售点很远。尽管农贸市场已经回归了地方主义和手工生产的元素，但这是一个高成本的小众市场，几乎没有影响家庭食品购买者的意识，他们关注的是便利性和低成本。一直有许多少数派的园丁生产蔬菜和水果供自己食用，英国小菜地分配运动的等候名单上现在还有 9 万人，显示它的持续流行并没有丝毫衰减的迹象。在最近的封锁中，由于保持社交距离的政策，对家庭食物生产的兴趣飙升，但是受到 3 月到 6 月的"饥饿空档"①的限制，当时北纬地区的园艺产品很少，抑制了以上的预期。

毫无疑问，园艺是一种健康的活动，也给城市生活带来了相当大的乐趣，但它也与市场资本主义的消费主义文化背道而驰。在欧洲，农民农业几乎已经消失，这与贫困、繁重的劳动、无知和社会孤立有关。在英国和欧洲各地，农民的土地经常被城市居民在周末和乡村度假时收购。一些夫妇在追求美好生活时接受了园艺挑战，但随着热情的减弱和一些不利因素的显现，他们往往会在几年内回

---

① 饥饿空档（hungry gap）指特定气候下春季菜园几乎没有新鲜产品的时期，即人们常说的青黄不接的时期。——译者注

归易于管理的草坪和果园。

园艺机器人具有巨大的潜力，它对于生活方式的好处超过了其高昂的资本成本。机器人割草机已经存在了多年。搜索园艺机器人会找到很多视频示例，似乎不可避免的是，一种小型电动拖拉机将会出现，可以在整个季节中自动进行行间作物作业。它可以自行插上电源充电，并按照每天的除草和整理程序运行。这将是一项投资新鲜的本地种植农产品的投资，而不是对投资回报的商业计算。由于资本投入相对较高，它会被视为一种"有趣的"消费项目，而不是一种必需品。

4.6.3　控制人类世的矿物循环

农业将简单的化学（碳 C、氢 H、氧 O、氮 N、磷 P、钾 K）营养物质转化为复杂的能量和蛋白质来源，以维持人类生命，这些营养物质在环境中循环流动，往返于生物圈、土壤、水和空气中的储存库。人类世被描述为人类活动正在改变地质循环的时代，主要是利用 2 亿万年前埋下的碳化石燃料储备，并将其以碳氧化物的形式释放到大气中。同样，用化石燃料为哈珀-博施工艺提供动力，我们将大气中的氮大量提取出来，为土壤施肥，以此养活数十亿人。测量和控制这些营养物质的流动应该成为政府和社会的一个主要目标。目前，一些监测站正在测量这些矿物的流动，但能够作为制定缓解措施基础的数据很少。国家温室气体排放清单是基于实验性的模型开发，几乎没有例行验证，并用于向协调气候变化行动的联合国气候变化框架公约报告。针对可能影响人类健康的排放的测量也正在实施，例如来自车辆和工业污染的排放，但即使在发达国家，对农业排放的常规监测也几乎不存在。低成本的分布式传感器尚不可用，但诸如 LoRa 之类的新技术将使传感器网络能够发展，例如，气象站已通过 wunderground.com 进行了集成。

虽然使用化石燃料进行运输、发电、供暖和工业应用是大气中二氧化碳增加的主要来源，但农业的排放量也有所增加，特别是来自森林砍伐、犁耕和反刍动物的肠道排放。犁耕在破开世界各地的肥沃土壤和掩埋杂草方面发挥了历史性作用，但侵蚀和有机物质枯竭造成的破坏引发了人们对土壤管理的重大反思，"不耕"系统正在成为首选的管理技术，发展蠕虫、微生物和植物根系的土壤生态系统受到了鼓励。

作为将不宜食用饲料转化为有价值蛋白质并释放甲烷（CH_4）的过程的一环，肠道发酵是反刍动物从长纤维中消化纤维素能力的关键，而甲烷是一种强力但持续短暂的温室气体。通过使用瘤胃的无线传感来优化饮食并降低瘤胃的 pH 值，我们可以减少其排放，但无法完全消除。可用的氢离子越少，甲烷排放量可能就越低（Mottram, 2021）。氮污染可能是通过更好地监测和监管就可以轻松解决的最大的问题。廉价氮肥的可用性对污染地下水和河流以及一氧化二氮的释放产生了巨大影响。作为主要温室气体的一种，一氧化二氮的寿命比甲烷长，而其污染程度是二氧化碳的 2 300倍。无线传感节点至少可以在硝酸盐和铵渗入水中时识别出它们的点源。

用于肥料的磷酸盐矿产储量也已经耗尽，这将在可预见的未来迅速成为粮食生产的一个限制因素（Alewell et al., 2020）。既然矿产供应有限且在不断枯竭，我们就需要新的技术。化学或酶活性系统具有使土壤中的磷储备可用于植物根系的潜力。从污水处理厂回收的生物土壤中可以回收一定量的磷。人类粪便和尿液是土壤养分的宝贵来源，并已经被加工成可以注入农田土壤作物营养物的生物土壤。更多地回收磷酸盐必须成为城市农业和基础设施发展的关键目标。更好地感应流量和反馈控制回路应该是城市战略的重要组成部分，以留存磷用于作物生产。

4.7　循环经济中的数字农业：讨论与结论

本章对第四次农业革命的关注重点是关于技术的，但我们不可能脱离社会和政治问题来思考这一点。社会通过政治和市场需求做出的决定将对即将开发的技术类型产生巨大影响。这里也存在着大量的方向性冲突，例如，大型专业农场与小型和传统农场，以及对于本地食品与持续可用的全球供应链的互相矛盾的需求。

数字农业技术可以提供许多工具，但改变食品生产和农业的动力将推动新技术以满足需求。例如，我们可以看到社区和个人花园的发展，在以小配件为中心的消费者社会中，这可能会使小型园艺机器人得到发展。当地消费者可以每天或每周查看花园成熟情况的变化更新，并将其与他们的购物选择相结合。商店也会根据当地的可获取状况变更他们的库存，就像他们已经在做的即食和加热即食食品的实时供货一样。

或者另一种更可能的是，大型商业生产商将在城市地区建立一个垂直农场网络，并在远离城市的地方建立自动化农场，同时以机器人和传感技术的开发来支持这一点。一个社会的目标可能会是发展更多社区园艺和商业主食供应之间的共存。目前已经有计划将剩余的超市供应品用于食物救济库，这表明慈善部门、社区和零售商之间愿意合作减少食物浪费。

我们需要审查测量食品质量的方法，以验证微量营养素的可用性，并识别出氨基酸而不只是原始蛋白质。关于代谢率的变化以及荷尔蒙和微生物群活性之影响的混乱数据几乎从没被纳入食物分析。只有这样，我们才能确定营养紊乱中的因果链，并应用政策通过更好的营养来改善健康。在更高质量的饮食中摄入更少卡路里的基础知识众所周知，但很容易被食品广告所颠覆。

动物在提供食物和生态服务方面的作用需要更好地纳入关于动物对环境影响的讨论，而毫无疑问，由于对健康和环境造成的影响，我们应该减少肉类和乳制品的摄入量，特别是在西方。食品政策很容易受到行业和游说团体的导向，信息更灵通的公众和对广告的限制都可以很好地帮助人们避免肥胖。

数字技术的主要特点之一是能够连接到多个数据源。随着低成本无线传感的发展，垂钓者和野外游泳者对未受污染河流信息的需求可能会推动对大量监测站的需求。目前我们已经可以从主要城市的空气污染监测器中查看数据，这很可能是改善营养流控制所需要的杠杆。从监测站获取当地数据应该是一个社会的优先事项。

农场的概念不该再被描绘成理想化乡村景观中的古朴实体，而需要被视为化学加工厂，并受到监督和监管。这种情况不太可能迅速改变，因为人们更喜欢幻觉而不是现实，而只有重大冲击才能改变这一点，例如磷酸盐供应的崩溃。在未来，我们可望看到即使是小农场也可以像其他化学加工企业一样被对待，以监测其对环境的排放。通过带有合适的测绘软件的联网传感器，我们将能够测量温室气体、氨气，以及其他气体在广泛区域的排放，并帮助农民减少排放。

社会和政治问题给粮食生产带来了复杂的文化期望。所需的关键因素是社会变革，停止将粮食生产视为事不关己的事情。城市政策应旨在通过扩大菜地分配计划和合作行动，将棕地、公园和空档土地纳入地方级别的食物生产。农场主作为拥有定价权力的食品生产过程的所有者的角色已经转变为管理专业知识的团队领导者的角色，这些专业知识有时嵌入实施科学验证过程的软件。

农业政策可以且必须从生产补贴演变为减少农业对气候、环境和空气质量影响的政策。由于体力劳动辛苦繁重，劳动力供应越来越短缺，政府应该为小农场主提供机器人，以减轻数百年来迫使数百万农民离开土地的体力劳动强度。随着现代数据管理技术的穿插，专注于高价值新鲜农产品的食品种植区和垂直农场应该成为智慧城市战略的一部分。鉴于十分严重的气候危机，这种类型的社区倡议能够由年轻人的热情所驱动。城市和城郊粮食生产的增长将缓解对高集约化农业需求的压力，因为高集约化农业对野生动物和生态系统有重大影响。

领先食品零售商的供应链一直是监测方法的主要驱动力，从而改善了动物福利。鉴于例如阿尔乐（Arla，欧洲最大的牛奶生产合作社，拥有超过 10 000 家生产商）宣布的目标是到 2050 年每千克牛奶的碳排放量减少 30%（Arla, 2019），这一趋势可能会继续下去。目前供应链已经能够利用信息流来优化供应以满足需求，并且其适应新冠疫情封锁的速度证实了这种能力。

综上所述，数字农业技术可以活跃在不断变化的食物经济的许多环节中，如监测污染、减少投入和浪费。由小型机器人进行的蔬菜和水果园艺可以改善食品安全，并鼓励园艺作为一种健康的消遣，给人们带来一种真正的满足感，引领他们走进大自然。

参考文献

1. Alewell, C., Ringeval, B., Ballabio, C. et al. "Global phosphorus shortage will be aggravated by soil erosion." *Nature Communications* 11（2020）: 4546. 2020.

108

2. Ameen, A., and Rasa, S. "Green revolution: A review, January 2018." *International Journal of Advances in Scientific Research* 3 (12): 129. 2018.

3. Appleby, A. B. "Grain prices and subsistence crises in England and France, 1590—1740." *The Journal of Economic History* 39 (4): 865—887. 1979.

4. Arla. https://www.arla.com/company/news-and-press/2019/pressrelease/ arla-foods-aims-for-carbon-net-zero-dairy-2845602/. 2019.

5. Atlantic Salmon Association. https://www.asf.ca/news-and-magazine/ salmon-news/uk-wye-river-being-destroyed-by-chicken-pollution#:~:text=The%20 River%20Wye%20sits%20in,over%20the%20past%20four%20years. 2020.

6. Briney, A. "Overview of the Haber—Bosch process." ThoughtCo, Aug. 28, 2020. thoughtco.com/overview-of-the-haber-bosch-process-1434563.

7. CambridgeHOK. 2020. https://cambridgehok.co.uk/news/how-much-does-vertical-farming-cost.

8. Campbell, B. E. M. S., and Ggada, C. Ó. "Harvest shortfalls, grain prices, and famines in preindustrial England." *The Journal of Economic History* 71 (4): 859—886. 2011.

9. Crookes W. Sir, The Wheat Problem, based on a presentation to British Association 1898, Third addition with a chapter on Future Wheat Supplies by Sir Henry Rewpub. Longmans Green, London, New York, Bombay and Calcutta (authors collection). 1917.

10. Defra. Green Paper. 2020. Available at https://assets.publishing.service. gov.uk/government/uploads/system/uploads/attachment_data/file/868041/future-farming-policy-update1.pdf.

11. Dhakal, S. et al. 2019. "Amish (Rural) vs. non-Amish (Urban) infant fecal microbiotas are highly diverse and their transplantation lead to differences in mucosal immune maturation in a humanized germfree piglet model." Frontiers in Immunology. http://doi.org/10. 3389/fimmu.2019.01509.

12. EC. "Council regulation (EC) number 21/2004 of 17 December 2003

establishing a system for the identification and registration of ovine and caprine animals and amending regulation (EC) No 1782/2003 and directives 92/102/EEC and 64/432/EEC." *Official Journal of the European Union* L5 (09.01.2004): 8—17E. 2004.

13. Harper Adams University. 2019. https://www.harper-adams.ac.uk/news/203368/hands-free-hectare-broadens-out-to-35hectare-farm.

14. Ledsom A. 2020. https://www.forbes.com/sites/alexledsom/2020/09/22/uk-and-us-food-insecurity-in-5-staggering-numbers/'?sh=349c367d4748.

15. Malthus, T. R. An Essay on the Principle of Population. © 1998, Electronic Scholarly Publishing Project. http://www.esp.org. 1798.

16. Mason-D'Croz, D., Bogard, J. R., Herrero, M. et al. "Modelling the global economic consequences of a major african swine fever outbreak in China." *Nature Food* 1: 221—228. 2020.

17. Mottram T. T. 2021. papers about rumen telemetry are available on researchgate.net.

18. Rader, D., and Tall, A. "Is it time to revise the HDL cholesterol hypothesis?" *Nature Medicine* 18: 1344—1346. 2012.

19. Scrinis G. "Nutritionism. Hydrogenation. Butter, margarine, and the trans-fats fiasco." *Commentary World Nutrition* 5 (1): 33—63. 2014.

20. Smout, T. C. "Landowners in Scotland, Ireland and Denmark in the age of improvement." *Scandinavian Journal of History* 12 (1—2): 79—97. 1987.

21. Smout, T. C., and Fenton, A. "Scottish agriculture before the improvers: An exploration." *The Agricultural History Review* 13 (2): 73—93. JSTOR. 1965.

22. Teicholz, N. The Big Fat Surprise, Why Butter, Meat and Cheese Belong in a Healthy Diet. Scribe. 2014.

23. UK Office of National Statistics. 2018. https://www.gov.uk/government/publications/family food-201617/summary.

24. UK Government. 2020. https://www.gov.uk/government/publications/

tackling-obesity-government-strategy/tackling-obesity-empowering-adults-and-children-to-live-healthier-lives.

    25. World Health Organization（WHO）. *Global Strategy on Diet, Physical Activity and Health.* Geneva: World Health Organization. 2004.

    26. World Health Organisation. 2020. https://www.who.int/nutrition/topics/3_foodconsumption/en/index4.html.

———— **第三部分**

智慧城市、建筑环境和数据隐私

第五章

这种建筑是可持续的吗？
运营能效与通过建筑运营以改变行为

亚当·琼斯　内金·米纳伊

5.1　引言

随着可持续建筑的主流化进程，以及由政府授权的和独立的绿色建筑标准的普及，建筑行业的利益攸关者开始在可持续发展的概念上施加压力。政府机构（包括公用事业）与建筑业之间的谈判越来越多地由大型房地产开发商、建筑管理公司、房地产投资信托（REITs）和建筑公司所主导，这使得可持续建筑指导准则的编纂变得必要。

在此过程中，可持续建筑的原则被分类，运营能效被定位为实现可持续发展目标的主要方法，尽管它只代表了建筑领域整体环境影响的一小部分，并且通常取决于人类居住者的行为。因此我们需要克服一些被称为行为因素的重大障碍，以优化能源效率。

即使听起来虚假，"智能建筑"技术为我们提供了克服行为因素的承诺；无需显著改变开发流程就能提高能源效率承诺；还有通过改变建筑物"消费者"的行为模式，就能保持对建筑领域现状造成最小干扰的承诺。典型的建筑自动化系统（BASs）运行中央加热/

冷却系统和公共空间照明，但技术的进步正在提高控制建筑操控各个方面的能力。同时，联网的传感器、设备和电器，统称为"物联网"（IoT），可以实现自动化和控制最小的生活细节，并同样细致地收集数据。由监控驱动以管理居住者行为的建筑自动化，作为能源效率措施的潜力正在受到关注。建筑物能够持续跟踪居民并同时操纵建筑系统及其居住者以优化能源效率，这对未来的生活意味着什么？

这些技术官僚式的可持续发展方案将人类行为呈现为必须优化到细节，以实现能效目标的变量，而将建筑本身呈现为一个公正的、致力于实现环境目标的系统。在本章中我们提出，这种可持续建筑径路的意图在于改善建筑业主的财务结果，而并不是实现环境目标。关注运营能效让建筑部门能够逃避解决建筑、运营和拆除带来的更广泛的环境影响和生命周期中排放的责任。

建筑并不是一个一成不变的一元化学科，且可持续建筑的手法多种多样，许多不同的观点可以相互竞争和互补，以生成一个充满活力的实践领域。在本章中，我们讨论了其中的一些可持续发展形势与其产生的结果，以及可能在哪里发挥作用。全面分析可持续建筑既无法满足篇幅要求，也不是我们的意图。

5.2 可持续建筑

可持续建筑是一个术语，囊括了重视担忧建筑环境造成的环境退化的建筑设计师们所开发并应用的、旨在解决建筑实践负面影响的各种手法。它也是一个术语，包含了布伦特兰报告《我们共同的未来》（Brundtland Report, "Our Common Future"）（1987）中描述的可持续发展概念；该报告确定了发展中环境、社会和文化影响的重要性。

将可持续性从一个广泛的概念转化为建筑模式，涉及将设计的考虑范围从美学和结构问题上扩展到对环境和社会的影响。全球建筑界在过去的 35 年里，在话语和实践中，对可持续发展的概念如何更好地融入建筑环境，我们形成了一种复杂而又支离破碎的理解。与此同时，政府和包括公司在内的非政府组织已经开始向建筑师施加压力，以各种不同形式要求可持续性，包括绿色建筑标准、能源效率要求和环保产品声明等。

本章将重点介绍用于设计新建筑的建筑学。建筑领域对于温室气体排放以及环境影响都进行了测算，解决这些影响对于实现建筑环境中任何程度的可持续性都至关重要。然而，本章的目的是讨论可持续建筑。作为一个具有适应性、不断变化的领域，它能够因为未来政策直接改善环境、社会和文化成果。

根据建筑学中所表达的可持续性，我们需要在施工前先行分析建筑环境，并对现有建筑物重新评估，以改善其环境和社会影响。有两套理论可以帮助我们理解可持续建筑的一些基本原理。其一，盖伊和法默的理论（Guy & Farmer, 2001: 141）根据基本逻辑将可持续建筑方法分为六类。这六种相互竞争的逻辑包括生态技术、生态中心、生态美学、生态文化、生态医学和生态社会学。这些分类是理解可持续建筑方法之间差异的有效工具。每一派的支持者都同样相信并大力捍卫他们认可的逻辑应该放在首要地位。此理论对于理解被称为可持续政策背后的基本原理至关重要。

其二是本内茨等（Bennetts et al., 2003: 4）所倡导的略模糊的概念，即将可持续建筑定义为"对建筑的修正构思，以回应当代对人类活动影响的无数担忧"。具体而言，作者提出了"环境敏感设计"（environmentally sensitive design, ESD）这一术语的争议性质，他们认为，只要语言足够扭曲，ESD 可以应用于几乎任何建筑设计、组件或成效。正是通过这一概念，我们可以了解到有多少技术和设计方法被推广为可持续，但导致负面的环境后果。在本章稍后讨论"智能"建筑和可持续发展技术方法的冲突结果时，我们将回到这个想法。

5.2.1　准则编纂与技术适应

将可持续发展目标转化为政府和大型组织所要求的技术形式的工作一直在进行中。将可持续建筑编纂成为设计实用指南的工作一直由非政府组织 [例如美国绿色建筑委员会（USGBC ）] 领导，直到最近开始由市政府和地区政府跟进领导。加拿大的省政府也开始将可持续建筑的一些元素纳入其建筑规范。[①] 这是一个必要且不可避免地适应并整合向制度化可持续能力范式转换的过程。机构要在迅速变化的世界中维护其国内及国际上的协定并保持合法性，就必须适应范式的转换，即气候变化。然而，我们还需要深入考虑可持续发展政策对环境和社会的更广泛影响。

5.2.2　建筑行业的碳排放

环境危机本身由众多相互关联的危机组成——生态系统破坏、生物多样性丧失、昆虫种群崩溃、天气模式的急剧变化以及全球气温升高 [②]——在此背景下，各国政府同意将温室气体排放作为政策

---

① 例如，不列颠哥伦比亚省的步骤代码（https://energystepcode.ca）和安大略省的补充标准 SB-10 和 SB-12（http://www.mah.gov.on.ca/Page15255.aspx, http://www.mah.gov.on.ca/Page15256.aspx ）。

② 当代分析表明，我们已经进入一个新的时代，即人类世，其中人类作为地质力量，改变地球的规律和过程（Bonneuil et al., 2015 ）。

解决方案的关键指标。迫切需要减少这些释放到大气中的绝缘气体的体积，这推动了在建筑政策中采用节能措施。

在加拿大，2019 年建筑领域的温室气体排放量为 9 100 万吨二氧化碳当量（Mt/CO$_2$eq），约占全国总量的 12%（Environment and Climate Change Canada, 2021: 37）。这些排放主要是间接的，来自为建筑物的运行提供能源的过程，主要与热和电力的生成有关。同时期建造业占了 140 万吨 / 二氧化碳当量。政府政策的一个重要关注点是支持和鼓励建筑物——尤其是住宅建筑物，提高能源效率。这些努力取得了重大成果，从高能效节省的能源达到 2 270 万吨——几乎抵消了归因于 1990 年以来人口增长和人均建筑面积增加的综合影响下产生的总增长（2 410 万吨）。

但这些主导了政府政策讨论的间接温室气体排放，只是建筑实践对环境和社会影响的一个方面。建筑行业在所有阶段都会导致生态退化——材料的准备和运输、建造、运行和拆除。所有类型的建筑物都会中断自然生态过程，并通过以人类为中心的景观取代维持野生动物的自然景观，导致降低维系生物生命的能力。一个明显的例子是每年因撞击玻璃幕墙而死亡的鸟类数量惊人——据估计在加拿大为 2 500 万（Machtans et al., 2013），在美国为 5.99 亿（Loss et al., 2015）。绿色建筑规范和标准已经开始纳入这些问题点，现在已经经常可以看到其中包括了鸟类友好型玻璃，但主要焦点仍然是能源效率。多伦多市于 2007 年推出了最初的鸟类友好指南，并被加拿大许多其他城市复制效仿。作为多伦多绿色标准（Toronto Green Standard, TGS）的一部分，最近又提出了两项设计要求，包括"鸟类防撞阻吓"和"光污染"表现。作为 TGS（City of Toronto, 2021）第一级的内容，这两项更新都是强制性的。

注重运营能效的政策体现了一种生态技术逻辑，它"以技术合理、面向政策的论述为基础"（Guy & Farmer, 2001: 141）。虽然这一逻辑与政府、企业和其他大型组织的制度逻辑很好地吻合，但它未能纳入对建筑实践的需求，以最大限度地减少碳排放以外的环境和社会危害。如果建筑物既需要破坏当地环境以提供场地，又需要破坏分散在全球的内陆生态系统以提供建筑材料，那它们仅仅使用较少的能源并不足够。这种逻辑也有着在优化建筑能效时将人（建筑物占用者）简化为需要管理和控制的组件的潜在风险。

5.2.3　隐含碳

隐含碳指的是与产品原料的提取、制造和运输相关的温室气体排放。隐含碳是才开始在政策层面被纳入正式考虑的可持续建筑的一个关键方面，一些绿色建筑标准也开始在生命周期分析中以净零碳为目标（Doan et al., 2017）。隐含碳是分析可持续建筑的一种生态技术方法，因为它将对环境影响的考虑扩展到建筑物的运行特征之外，同时在传统的制度逻辑中运行。为了今后的政策考虑，必须更加注重可持续建筑的这一方面。

5.2.4　室内环境质量

建筑中另一个开始受到更多关注的方面是室内环境质量，其中一个主要组成部分是室内空气质量。建筑材料对于人类健康的影响严格归类在生态医学逻辑下，其重点在于公共卫生、建筑环境的负面影响，以及治愈"病态建筑"（Sick Buildings）（Guy & Farmer 2001, 145）。这方面的建筑问题正在机构层面上解决，例如全球安全认证公司保险商实验室（Underwriters Laboratories, UL）下的Greenguard 环境研究所（Greenguard Environmental Institute）。该研究所认证并维护一个已被证实与传统产品相比化学排放更少的产品数据库。

随着全球从新冠疫情中慢慢恢复，关于室内空气质量的讨论已成为人们关注的重点。政府和整个建筑领域已经开始意识到建筑物内空气处理方式的缺陷。未来的政策将受益于考量室内空气质量对人类健康的广泛影响，包括建筑材料和空气传播病原体的化学废气。

5.3　能源效率成为可持续建筑的主流

随着可持续建筑的主流化进程，以及由政府授权的和独立的绿色建筑标准的普及，建筑行业的利益攸关者开始在可持续发展的概念上施加压力。政府机构（包括公用事业）与建筑业之间的谈判越来越多地由大型房地产开发商、建筑管理公司、房地产投资信托（REITs）和建筑公司所主导，这使得可持续建筑指导准则的编纂变得必要。

在此过程中，可持续建筑的原则被分类，运营能效被定位为实现可持续发展目标的主要方法（Guy & Moore, 2004: 4）。虽然政府决定提高能源效率的政策开始在加拿大收获了显著的好处，但这个领域的前沿越来越依赖于人类行为。为了实现政府和企业的碳排放目标，实现建筑物的最佳效率，这些行为因素需要被克服。这就是将可持续建筑与节能建筑等同起来的潜在风险——节能是一种系统改进的技术官僚式哲学，它将人简化为必须被优化的组件。

建筑能效中的行为因素可以指广泛的人类行为、习惯和生活方式，如果能将其改变，将可以提高效率——这包括了从关灯之类的小事到清醒时间之类的基础行为。过去在行为改变上下过的功夫，包括通过广告活动、电器折扣和电力定价计划来恳求、激励或胁迫个人和组织改变其能源消费模式。其中许多在提高效率方面取得了巨大成功（*Environment and Climate Change Canada*, 2021: 11）。

能源效率的一种新生形式是"智能"建筑技术的使用——将电器和建筑元素在运行性能方面发挥到极致。虽然建筑自动化已经存在了几十年，但最近的发展有产生重大社会影响的潜力。接下来的部分描述了建筑自动化系统、该领域中的发展以及以可持续发展为幌子部署"智能"建筑技术的潜在风险。

5.4　智能建筑技术

即使听起来虚假，"智能"建筑技术为我们提供了克服行为因素的承诺；无需显著改变开发流程就能提高能源效率承诺；还有通过改变建筑物"消费者"的行为模式，就能保持对建筑领域现状造成最小干扰的承诺。建筑自动化系统的发展正在提高对建筑物内所有设备的控制水平。这些系统依赖并消耗电力；如果发生停电，建筑物将无法正常运行，可能变得不适合居住。米纳伊（Minaei, 2021）在城市能源章节中全方位地解释了这一点。随着物联网设备实现进一步的自动化和控制，它们还会以更细致的方式收集有关用户的数据。由监控驱动以管理居住者行为的建筑自动化，作为能源效率措施的潜力正在受到关注。持续跟踪居民并操纵建筑系统及其居住者以优化能源效率的建筑物，对未来的生活意味着什么？

这些智能建筑技术收集的数据很少作为公共政策事项解释或讨论，正如亚辛等（Yassine et al., 2017）所描述的那样，尽管表面上数据是匿名的，但也有可能会揭示个人习惯、行为和健康状况。另一个风险是，尽管暴露于射频（RF）对人类健康的影响尚不清楚，但在建筑物中安装此类设备的数量已经越来越多。波基特（Pockett, 2018）解释说，在新西兰，与潜在致癌射频暴露相关的伦理问题已经不被监管机构所重视，他们采用 1998 年的暴露上限，并采用了一种有缺陷且过于简单的方法比较研究。智能电表是智能电网的主要组成部分。在加拿大，"智能电表"相当普遍。作为智能电网计划的一部分，安大略省安装了约 500 万个智能电表，承诺通过提高效率，减少停电和集成更多可再生能源来帮助消费者管理能源使用和电费（IESO, 2021）。大多数人不知道这些智能电表在家中收集的数据类型，这些数据可能会被泄露，包括：

（1）家中居住的人数。

（2）家庭中电子设备的类型、型号和使用情况，例如，用的是哪些电视或家电，以及连接到电力的任何设备的品牌。

（3）居民的日常生活作息：例如，他们什么时候洗澡？他们什么时候下班？他们出门工作时会让烤箱开着吗？

（4）他们的行为模式以及这些日常例行活动和模式的变化。他们现在在家工作还是失业？住户在度假吗？

这意味着，如果数据平台被黑客入侵，犯罪分子可以访问所有这些信息。我们应该意识到一些专家（如 Egozcue, 2013）对此产生的严重担忧，例如：

（1）保险公司可以根据人们的习惯提供保单费率。

（2）犯罪分子可以拦截智能电表读数来计划入室盗窃。

（3）犯罪分子可以同时控制许多智能电表，并发送通用的关闭命令，这意味着所有使用电力的建筑物和安保系统都能被立即关闭。

5.4.1　建筑自动化系统

现代建筑是复杂的系统，需要持续的观察、管理和调整才能有效运行。照明、加热和／或冷却、风扇、电梯、外部和内部安全门以及废弃物管理等，只是典型现代建筑的一些元素，每个元素都构成了自身的复杂系统，需要专业知识才能保持其运行。许多现代建筑，特别是在商业领域，都有建筑自动化或管理系统（BAS 或 BMS），它们是操作这些众多元素的计算机控制器。这些系统最初是简单的定时器控制，在连接到建筑物元件后，能够在适当的时间打开或关闭某种机械装置。例如，照明系统可以在大楼营业时间前自动开启，并在夜间关闭。事实证明，通过这些简单的控制，改善建筑运营可以降低能源消耗，一项元分析显示，所有建筑类型平均节省 16% 的能耗（Lee & Cheng, 2016: 771）。

5.4.2　通过传感器改善反馈

最近，用于测量特定建筑元件的变化状态并向建筑自动化系统（BAS）发出信号的传感器开始被引入，然后 BAS 会使用这些输入来更精确地控制系统，而不是仅仅依赖简单的设定值。所有的建筑自动化系统都在相同的基本前提上运作：建筑工程师为每个元件编写一组操作代码，当达到设定值或从传感器接收信号时，发送适当的操作代码以控制适当的元件。正如董兵（音译）等（Bing et al., 2019: 32）[1] 所详述的，传感器技术发展迅速，能够提供来自无数

---

[1] Bing et al.（2019: 32），这里对应的文末参考文献是 Dong, Bing, Vishnu Prakash, Fan Feng, and Zheng O'Neill. 2019. "A review of smart building sensing system for better indoor environment control." *Energy and Buildings* 199: 29—46。董兵是音译。——译者注

建筑元素的输入，包括门、窗、环境光照水平、二氧化碳水平、水温、加热系统有效性等。随着可用传感器的多样化，建筑设计师开始运用它们来提高能源效率、室内空气质量和温度舒适度。这些传感器设备可以大致分为三种类型：占用传感器、建筑环境测量和其他传感器。而正是这些"其他传感器"包含了最大的潜在风险，我们将在下文的智能建筑中对其进行讨论。

一个常见的占用传感器是二氧化碳传感器，它使用二氧化碳作为指标来判断环境中是否有人。该传感器放置在会议室等不经常使用的区域，并连接到通风系统。通过不断测量室内的二氧化碳，传感器将在二氧化碳超过预定阈值时向通风系统发送信号将其开启。BAS 可以利用这种信号在推断房间中有人时操作多个系统：通风系统为该区域提供新鲜空气，照明系统使灯光亮起，加热/制冷系统保持舒适的温度。

显然，通过将建筑元素的运行与其使用者对照明、供暖和其他服务的需求紧密匹配，建筑自动化可以提高运营效率并降低建筑物的能耗。随着这些技术变得越来越复杂，技术研究人员开始理解和量化计算机控制建筑系统的影响；阿斯特等（Aste et al., 2017）提供了一个详细的分析框架。当自动化系统用于改善环境、社会和经济影响时，可持续智能建筑是可能的（Alwaer & Clements-Croome, 2010）。然而，智能建筑并不是本质上就是可持续的。

在这套正在被迅速应用的技术中，任何一个组成部件都有可能戏剧性地改变建筑自动化的世界；当同时应用在一起时，它们有着能产生出只有在科幻小说中才见过的建筑形式的集体潜力。传感器驱动的建筑自动化系统与"物联网"设备、机器学习和人工智能相结合，可能会实现几乎不需要人为干预的完全自动化的建筑。这些技术是真正的嵌合体，因为其提倡者有望同时实现建筑行业所有利益攸关者的目标：降低运营成本、更好的居住舒适性和健康性，以及改善环境性能。

由于与构建自动化系统有关，本节描述了这些技术，以了解它们的潜在风险。由于这里没有足够的篇幅来详细检视每种技术，作者建议读者在需要时再熟悉了解各个概念和应用。

随着建筑物和居住者（系统—人）之间的交互界面从"建筑物内"转变为"建筑物外"或"居住者内"，这些系统的风险也在增加。向物联网作为建筑自动化系统输入的转变，提高了建筑物通过联网移动设备不断收集和分析居住者数据的前景，目的是提高建筑物的效率。

5.5　物联网

物联网（IoT）被描述为将物理世界中的物体连接到互联网的网络，以便实现数据的共享，这使得物联网容易受到黑客入侵和攻击。物联网的三个主要组成部分是：（1）物体，例如传感器、智能手机、汽车以及任何智能设备或应用程序，例如洗衣机、烤箱等；（2）连接它们的通信网络，例如宽带、4G、Wi-Fi、蓝牙；以及（3）利用数据的计算系统，包括存储、分析和应用程序。

使用联网的"智能"电器和设备也称为物联网，它使我们可以开发新型建筑系统，将交互界面进一步往人类居住者的方向推移。家用电器能够学习居民的行为和偏好，从而实现自动化操作，提高能源效率。一个常见的例子是智能冰箱，它可以与电网通信，根据价格信号更经济有效地运行（Gilbert et al., 2010: 95）。

当其联网并与 BAS 通信时，物联网设备就能开始提供输入信息以优化建筑运行。由于许多物联网设备可以相互配合，理论上它们能够在建筑物中为各个元素提供个体化的、迎合特殊需求的运营。例如，一个坐在电脑前的人站起来，打开衣柜穿上外套，然后走向他的套房门，离开房间；他的计算机发出休眠状态信号，手机发出表明它正在向出口移动的信号，衣柜门发出信号，出口的门在此人靠近时打开。与此同时，大楼也开始关闭套房内的设备和灯光，并将电梯送至适当的楼层，以便在此人接近时做好准备。在这个例子中很明显，建筑物和居住者之间的这些自动控制的小互动，有着通过使用最少的能源为居住者提供服务来减少能源需求的潜力。

虽然其提倡者们详细阐述了由物联网支持的建筑自动化系统的潜在时间和能效节省（Akkaya et al., 2015），但可持续发展理论开始从许多角度探索这些物联网设备的影响，包括增加消费者浪费的趋势（Stead et al., 2019: 11）、提高消费社会可持续性的潜力（Nižetić et al., 2020）、对未来废弃物管理的要求（Sharma et al., 2020），以及提高建筑物能源效率的潜力（Moreno et al., 2014）。至少，由于每个智能设备都需要内置电子零件，这意味着贵重和稀土金属消费量的增加，以及在其使用寿命结束时电子废弃物的增加。[①]

除了与废弃物相关的影响之外，还存在着隐私风险；这些风险才刚开始被弄清，并有可能对物联网建筑物的居住者产生广泛的负面影响。人工智能也开始将交互界面推向人类，通过接触其他信息来源，包括移动设备数据和个人的在线活动，以确定最佳的建筑运作。

---

① Nižetić, S., Šolić, P., López-de-Ipiña, D., and Patrono, L. Internet of Things（IoT）: Opportunities, issues and challenges towards a smart and sustainable future. *Journal of Cleaner Production*. 274: 122877. 2020.

5.6　机器学习

机器学习在 BAS 中引入了一个自动化的改进过程，该过程基于操作代码的规律来调整运行操作。这个建筑自动化系统最初由工程师使用操作规范和标准编程，并指示其分析过去的性能并调整其运行，以更好地满足建筑物的要求。例如，机器学习已经被用来优化温度需求，根据天气预报、能源成本、当前室内温度和预设的舒适度阈值来管理供暖系统。这种类型的机器学习系统可以通过利用建筑物自身的质量作为热能存储系统来降低能源成本和需求，例如在夜间加热以应对寒冷的一天。这种技术的应用是通过减少能源消耗及其二次碳排放来改善现有建筑对环境影响的理想方法。

从技术角度看，在这种类型的系统中，人类居住者与建筑物系统之间的交互界面固定在建筑物本身内；传感器测量与建筑物组件相互交流，并向建筑物的运行元素发送信号。该建筑也开始以天气预报信息的形式，通过互联网连接收集其墙壁以外的信息，但没有直接收集居住者的数据。

这个例子明确地展示了技术与可持续建筑的目标保持一致的应用方法。通过机器学习增强的建筑自动化具有显著降低运营能耗和相关排放的潜力，特别是在现有建筑中。可持续建筑应该适应这种技术的可能性，而不依赖它，作为其"回应当代对人类活动影响的无数担忧"的一部分（Bennetts et al., 2003: 4）。

5.7　人工智能

虽然经常被混淆，但机器学习和人工智能是不同的技术。机器学习系统被编程为使用来自不同来源的输入以提高操作效率，而人工智能系统最贴近的描述是一个"黑匣子"，其中"在连续层面上执行的计算很少与人类可理解的推理步骤相对应，并且其中间层的激活向量通常缺乏人类可理解的语义"（Garnelo & Shanahan, 2019: 17）。

我们将建筑元素、传感器、天气预报数据和任何其他被认为有价值的数据接入这个黑匣子，目标是让软件寻找信息，并通过判断出哪些输入数据最相关来学习自我改进。这些系统的负面潜力最好的例证也许是微软 AI 聊天机器人泰依（Tay），它最初是想要吸引人们的参与，并通过在线聊天中与人的互动来展示 AI 学习语言和言语模式的能力。作为一种营销奇观上线，泰依在发布后仅 24 小时不到就因发展出了种族主义、辱骂性语言和行为被下线——因为它判断这是最有效地吸引参与的方式。沃尔夫等（Wolf et al., 2017: 3）认为，"虽然开发人员可能没有预料到这个特定的风险，但他们应该能够预料到泰依可能会以他们没有预料到的方式行事"。开发人员能够使用意图编程 AI 软件，但软件会开始使用自己的逻辑来实现这一意图。

正是这种意想不到的后果，给人工智能在建筑自动化的应用方面带来了巨大的风险。此外，还有董兵（音译）等（Bing et al., 2019）[①] 在 2019 年描述的人工智能与"其他传感器"交互，其中包括"可穿戴传感器、基于物联网的传感器、智能手机、心率传感器、指纹传感器、便携瞳孔分析仪，以及皮肤温度传感器"（Garnelo & Shanahan, 2019: 17）。物联网智能建筑内大量可获取的个性化数据将可能会导致相应程度的意外后果。如果人工智能系统的目标是在某些约束条件下优化能源效率，它可能会去寻求加内洛

---

① Bing et al.（2019），对应的文末参考文献说明请见第 122 页注释。——译者注

与沙纳汉（Garnelo & Shanahan, 2019: 17）形容为"人类无法理解"的解决方案。虽然这可能实现节能，但也可能导致建筑物对现有的人类行为、活动和生活方式持敌对态度——通过消除能源消耗的行为来去除行为因素。智能设备需要全天候连接到互联网才可以正常运行，这意味着电力的消耗，并需要不间断的电网连接才能正常运行。已经有了一些关于亚马逊 Alexa 智能家居控制设备的著名投诉案例，即它在半夜自行启动并自己搜索，再加上其容易出现诸如记录私人对话和恶意语音命令等隐私安全方面问题，正如钟（音译）等（Chung et al., 2017）所描述的那样，这些案例和担忧应该启发我们意识到，将人工智能带入家中并完全依赖它们来操作我们的建筑，并不是一个明智的选择。

我们要考虑一下无处不在的数据收集和来自在线活动反馈的影响，正如赫尔本等（Helbing et al., 2019）在文章中所描述的那样，"民主能在大数据和人工智能中幸存下来吗？"。

> 如今，算法非常清楚我们在做什么、想什么以及我们的感受——甚至可能比我们的朋友和家人甚或我们自己都更了解我们。通常，我们得到的建议非常契合我们的需求，以至于由此建议做出的决定感觉就像是我们自己的决定，尽管实际上并非如此。事实上，我们正以这种方式越来越成功地被远程控制。对我们的了解越多，我们的选择就越不可能是自由的，而是由他人预先决定的。

物联网已启用

由人工智能启用 BAS 来控制物联网实现的智能建筑中存

在着潜在风险，即这些建筑会对居住者暗中施加压力，以优化能源效率。节约能源的决定可以由建筑自动化系统自动做出，或者可能通过人工智能驱动的"渐渐推动"慢慢地向居住者灌输（Helbing et al., 2019）。一些可持续发展的提倡者，特别是那些坚持盖伊 & 法默（Guy and Farmer, 2001）的生态技术逻辑的人，会赞赏这种技术，并支持它用作减少能源消耗的合理策略。其他人，包括那些坚持生态社会或生态文化逻辑的人，将憎恶这种人类文化屈膝于技术官僚的最后通牒的局面。

当然，保障措施可以被编程到人工智能系统中，以最大限度地降低这些风险，但在拥有如此多的联网设备和互联系统的情况下，谁将负责审核监督意外后果呢？此外，如果能源成本和排放量降低了，实现了预期成果，谁又会有动力寻找意外造成的影响呢？

由于这些潜在的冲突，沃尔夫等（Wolf et al., 2017: 2）认为，当人工智能"直接与人互动或通过社交媒体间接互动时，开发人员除了标准软件之外还承担着额外的道德责任"。在这种观点下，谁提供人工智能软件谁就将负责整个建筑物的伦理治理——考虑到这些服务提供商的规模和间接关系，这是一种不太可能的情况。在政府、专业协会或民间社会缺乏明确指导的情况下，利润动机将决定这些人工智能系统的伦理准则。政府政策，或者可能是事后的司法质疑，将被要求明确地认定谁对任何意外后果负有法律责任，但存在这样一种风险，即后果可能对居住者自己也不明显。在第八章①将深入讨论智慧城市中的数据管理和隐私问题。

这些技术官僚的可持续发展方案，将人类行为呈现为多个必须

---

① 本书没有第八章，所述内容在第七章中，原书这里有误。——译者注

优化到细节以实现能效目标的变量，而将建筑本身呈现为一个公正的、致力于实现环境目标的系统。

5.8 软件即服务

软件即服务（Soft as a Service, SaaS）是一种相对较新的商业实践，将电脑程序租赁而不是出售给用户。业界认为，这有利于用户，如马（Ma, 2007）所述，允许他们只为他们使用的服务付费，并确保软件始终是最新的。其必然结果是，软件公司能得到稳定的月利润，对向用户销售新版本的依赖程度降低，因为用户可能会决定还要使用旧版本多年。这种商业模式已经开始渗透到其他行业，最臭名昭著的例子是农业设备制造商约翰迪尔（John Deere）。该公司至今一直在推动产品即服务的概念，禁止客户自己修理拖拉机，然后让独立的维修技术人员上门维修，甚至查看客户拖拉机上运行的软件（Weins & Chamberlain, 2018）。这引发了农民的抵制，并以诉讼的形式来维护"维修权"（Vaute, 2021），此运动在其他国家采取行动之后，才开始引发美国政府在国家层面上的反应（Waldman & Mulvany, 2020）。

这一趋势也开始进入建筑行业，能源服务公司提供持续的数据分析和优化，然后在每月节省的能源成本中抽成。通过应用智能建筑技术，建筑物居住者对控制、修理甚至尝试理解在自家中运行的电器和系统软件的权利被剥夺。这种商业模式很可能会在可持续设计和高效运营的幌子下继续扩散。来自其他行业的警示故事凸显了与控制权集中以及无处不在的数据采集相关的风险。

5.9　生活即服务

大型科技公司和大数据正在公地上盘旋，创造了一个凝聚的漩涡，其中所有的进步和可持续性的概念都包含在对效率的需求中。这种语境下的效率，往往意味着高效地剥削人口以获取经济利益。当政府和大型组织将能源效率作为可持续建筑的关键指标而不是其中之一时，它们可能会制定政策巩固脆弱建筑的趋势，在这种趋势中，被有效控制的居住者被视为优化和利用的节点。当这些组织通过自动的、算法控制的建筑运行进行能源效率优化时，可持续建筑可能会成为巴西化结构的一部分，其中居住者成为企业的炮灰，而企业"比以往任何时候都更加依赖国家——不仅仅是为了法规和提供有形、合法的架构，而且更是直接参与价值的提取或是可以确保的利润"（Hochuli, 2021）。这种社会分析清楚展现的巨大风险是，将集中的所有权、无处不在的数据收集以及减少能源消耗的立法要求结合起来，将会加剧并固化加拿大社会内部的不平等。

其中一个十分可悲的例子是，由多伦多湖滨项目开发公司（Waterfront Toronto）与谷歌母公司 Alphabet 城市发展部门的开发公司"人行道实验室"（Sidewalk Labs）合作，提出的棕地再开发计划。拟议的建筑旨在实现可持续建筑的所有主要考虑因素：净零碳、低影响开发战略、以交通为导向的设计、绿色屋顶和现场太阳能发电，以及鸟类友好的玻璃和照明策略。借助无处不在的传感器和物联网设备，拟议的"智慧城市"开发将从所有跨越社区边界的人身上收集个人数据，以提高服务效率。此开发提议在可持续性方面是无可挑剔的，并得到了当地社区的广泛支持，也在建筑和可持续性出版物中获得了大量报道。

隐私提倡者对其无处不在的数据收集计划（Globe and Mail Editorial, 2019）提出异议，因为其数据收集的匿名结果将在谷歌的广告网络上公开出售（Gray et al., 2019）。一系列进一步的曝光显示，该公司在与多伦多市的协议中插入了高度反社会的条款，并制定了将其控制权大幅扩展到开发区之外的书面计划，最终导致人行道实验室撤出并完全离开了多伦多。据报道，这些文件试图推动该公司保留对开发区内产生的所有个人数据的完全控制，单方面控制服务供应，将控制范围扩大到开发区之外包括多伦多几乎所有繁华的湖滨地区，并有权随意且无视任何城市条例牟取经济机会（Haggart & Tusikov, 2020）。《环球邮报》上刊登的系列文章中最令人震惊的例子是"人行道实验室将需要税务与金融权力来融资和提供服务，包括征收、收集和再投资不动产税的能力"，此外还要求拥有"与大学相似的地方警务权力"（Cardoso & O'Kane, 2019）。

在这些细节被曝光后，多伦多市民在隐私提倡者的支持下，强烈反对拟议开发项目的继续，其理由是这标志着作为公共部门一个重要组成部分的市政管理的终结。与人行道实验室达成的这项协议的实施将使公共空间和个人数据私有化，而在可持续性的幌子下，这几乎没有监督。

来自荷兰马尔默城市研究所（the Institute for Urban Research, IUR）的城市规划师，在2019年约克大学城市研究所的研讨会上提出了他们对智慧城市算法规划的担忧。他们的主要担忧是谷歌等巨型科技公司正在影响改变人类规划城市的过程，很快算法规划将成为世界上其他地区制作智慧城市规划的模板。他们将在2022年举办题为"超越当今的智慧城市：权力、正义和抵抗"的会议，并讨论类似的问题。在第六章中将讨论智慧城市中的算法规划。

5.10　数据隐私、安全与风险

政府在处理数据隐私方面的政策在世界各地处于不同的发展阶段，但已经发生了许多大规模的私人数据泄露事件，机构行为者如艾可飞（Equifax）（Wang & Johnson, 2018）和美国的数百家医院（Chernyshev et al., 2019）等机构的数据泄露，以及在商业运营中出现的数据泄露如 Target（Shu et al., 2017）和雅虎等（Mills & Harclerode, 2017）。这些漏洞展示了数据隐私是与深度互联的现代系统相关的最大风险之一。许多这些智能设备都面向用户，包括智能手机、电脑和智能助手，如 Alexa、Cortana 等。在打电话时谈论到某特定功能或问题之后，紧随着用户就在 Instagram 和 Facebook 等社交媒体上看到相关产品广告的轶事比比皆是。

目前绿化建筑行业的前沿为互联互通的：支持者认为，由机器学习和人工智能自主管理的物联网 BAS 将消除导致浪费能耗的行为因素。每个设备收集的数据将由每个互联的系统分析，然后在公共市场上销售。

5.11　结论

因为从业者寻求回应当代对人类活动及其影响的关注，可持续建筑的未来必然会融入新的技术、概念和想法。本章试图澄清与此相关的几种风险，包括机构对能源效率的关注、可持续性的技术解决方案以及对行为变化的强调。真正可持续的建筑必须包括其他环境因素，隐含碳、材料的影响和社会成果也是题中之义。

可持续建筑的最大风险是在可持续性的幌子下集中所有权来纳入一种社会控制的模式。当务之急是政府的政策必须将重点放在关注人工智能整合、联网设备，以及无处不在的数据收集在服务于提高能源效率时所带来的难以预料的高风险后果上。能源效率并不等同于可持续性。建筑最重要的功能是提供可以响应其用户需求的健康、规范的空间。虽然"智能"建筑技术可以实现响应式建筑，但这可能会对自主性、个人隐私甚至健康造成重大损失。

必须依赖持续的互联网连接和更大的电力需求可能并不是最具有可持续性的建筑设计方法。由于洪水、飓风或野火等单纯的自然灾害，建筑物可能会在相当长的一段时间内失去电力和互联网，使得智能技术受到限制或停止运作，而给我们留下的是一个不适合居住的建筑空间。一个无力的智能建筑可能无法管理其供暖 / 制冷和空气通风，其居住者无法烹饪食物或获取水，并且其所有能效措施在电力恢复之前都没有用。这个例子应该能够启发我们更多地思考修复力和可持续性，而不是智能技术。

参考文献

1. Akkaya, K., Guvenc, I., Aygun, R., Pala, N., and Kadri, A. "IoT-based occupancy monitoring techniques for energy efficient smart buildings." In 2015 IEEE Wireless Communications and Networking Conference Workshops （WCNCW）, pp. 58—63. New Orleans, LA: IEEE. 2015.

2. Alwaer, H. and Clements-Croome, D. J. "Key performance indicators （KPIs）and priority setting in using the multi-attribute approach for assessing sustainable intelligent buildings." *Building and Environment* 45（4）: 799—807. 2010.

3. Aste, N., Manfren, M., and Marenzi, G. "Building automation and control systems and performance optimization: A framework for analysis." *Renewable and*

Sustainable Energy Reviews 75: 313—330. 2017.

4. Bennetts, H., Radford A., and Williamson, T. *Understanding Sustainable Architecture*. Boca Raton, FL: Taylor & Francis. 2003.

5. Brundtland, G. H. Our Common Future. Report of the World Commission on Environment and Development. 1987.

6. Cardoso, T. and O'Kane, J. "Sidewalk Labs document reveals company's early vision for data collection, tax powers, criminal justice." *The Globe and Mail*, October 10, 2019.

7. Chernyshev, M., Zeadally, S., and Baig, Z. "Healthcare data breaches: Implications for digital forensic readiness." *Journal of Medical Systems* 43 (1): 1—12. 2019.

8. Chung, H., Iorga, M., Voas, J., and Lee, S. "Alexa, can I trust you?" *Computer*, 50 (9): 100—104. 2017.

9. City of Toronto. Bird-Friendly Guidelines. Viewed 16th August 2021. Available at: https://www.toronto.ca/city-government/planning-development/official-plan-guide-lines/design-guidelines/bird-friendly-guidelines.

10. Doan, D. T., Ghaffarianhoseini, A., Naismith, N., Zhang, T., Ghaffarianhoseini, A., and Tookey, J. "A critical comparison of green building rating systems." *Building and Environment* 123: 243—260. 2017.

11. Dong, B., Prakash, V., Feng, F., and O'Neill, Z. "A review of smart building sensing system for better indoor environment control." *Energy and Buildings* 199: 29—46. 2019.

12. Elyoenai, E. "Smart grids: Cyber-security challenges of the future: at TEDx Basque Country 2013." Available at: https://www.youtube.com/watch?v=PnvI2dhjFyo.

13. Environment and Climate Change Canada, National Inventory Report 1990—2019: Greenhouse Gas Sources and Sinks in Canada. Part 1. Ottawa, 2021. https://publications.gc.ca/collections/collection_2021/eccc/En81-4-2019-1-eng.pdf.

14. Garnelo, M. and Shanahan, M. "Reconciling deep learning with symbolic artificial intelligence: Representing objects and relations." *Current Opinion in Behavioral Sciences* 29: 17—23. 2019.

15. Gilbert, E., Maslowski, R., Schare, S., and Cooney, K. "Impacts of smart grid technologies on residential energy efficiency." In ACEEE Summer Study on Energy Efficiency in Buildings. 9 (2010): 90—105. 2010. https://www.aceee.org/files/proceedings/2010/data/papers/2219.pdf.

16. Globe and Mail Editorial. "The cracks in Sidewalk Labs' latest plans for Toronto." *The Globe and Mail*, June 25, 2019. https://www.theglobeandmail.com/opinion/editorials/article-the-cracks-in-sidewalk-labs-latest-plans-for-toronto.

17. Gray, J., O'Kane, J., and Young, R. "Sidewalk Labs' Toronto projects lacks independent oversight, has insufficient public role, privacy watchdog says." *The Globe and Mail*, September 26, 2019. https://www.theglobeandmail.com/business/article-sidewalk-labs-toronto-projects-lacks-independent-oversight.

18. Guy, S., and Farmer, G. "Reinterpreting sustainable architecture: The place of technology." *Journal of Architectural Education* 54 (3): 140—148. 2001.

19. Guy, S., and Moore, S. A. "Introduction: The paradoxes of sustainable architecture." In *Sustainable Architectures*, pp. 15—26. Routledge. 2004.

20. Haggart, B. and Tusikov, N. "Sidewalk Labs' smart-city plans for Toronto are dead. What's next?" The Conversation, May 5, 2020. https://theconversation.com/sidewalk-labs-smart-city-plans-for-toronto-are-dead-whats-next-138175.

21. Hamilton, C., Gemenne, F., and Bonneuil, C. (eds.). *The Anthropocene and the Global Environmental Crisis: Rethinking Modernity in a New Epoch*. Routledge. 2015.

22. Helbing, D., Frey, B. S., Gigerenzer, G., Hafen, E., Hagner, M., Hofstetter, Y., Van Den Hoven, J., Zicari, R. V., and Zwitter, A. "Will democracy survive big data and artificial intelligence?" In *Towards Digital Enlightenment*,

pp. 73—98. Springer. 2019.

23. Hochuli, A. "The Brazilianization of the World." *American Affairs* V (2). Summer, 2021. https://americanaffairsjournal.org/2021/05/the-brazilianization-of-the-world.

24. IARC. IARC Classifies Radio frequency Electromagnetic Fields as Possibly Carcinogenic to Humans. World Health Organization, May 31, 2011. https://www.iarc. who.int/wp-content/uploads/2018/07/pr208_E.pdf.

25. IESO. "A smarter grid." Ontario's Power System, Updated 2021. https:// www.ieso.ca/en/learn/ontario-power-system/a-smarter-grid.

26. Lee, D., and Cheng, C. "Energy savings by energy management systems: A review." *Renewable and Sustainable Energy Reviews* 56: 760—777. 2016.

27. Loss, S. R., Will, T., and Marra, P. P. "Direct mortality of birds from anthropogenic causes." *Annual Review of Ecology, Evolution, and Systematics* 46: 99—120. 2015.

28. Ma, D. "The business model of 'software-as-a-service'." In IEEE *International Conference on Services Computing* (SCC 2007), pp. 701—702. Salt Lake City, UT, IEEE. 2007.

29. Machtans, C., Wedeles, C., and Bayne, E. "A first estimate for Canada of the number of birds killed by colliding with building windows." *Avian Conservation and Ecology* 8 (2). 2013.

30. Mills, J. L., and Harclerode, K. "Privacy, mass intrusion, and the modern data breach." *Florida Law Review* 69: 771. 2017.

31. Minaei, N. "A critical review of urban energy solutions and practices." In Stagner and Ting (Eds.), *Sustainable Engineering for Life Tomorrow*. Lexington Books/Series: Environment and Society, pp. 53—74. Lexington Books. 2021.

32. Moreno, M., Úbeda, B., Skarmeta, A. F., and Zamora, M. A. "How can we tackle energy efficiency in iot-based smart buildings?." *Sensors* 14 (6): 9582—9614. 2014.

33. Nižetić, S., Šolić, P., López-de-Ipiña, D., Patrono, L. "Internet of things (IoT): Opportunities, issues and challenges towards a smart and sustainable future." *Journal of Cleaner Production* 274: 122877. 2020.

34. Pockett, S. "Public health and the radio frequency radiation emitted by cellphone technology, smart meters and WiFi." *The New Zealand Medical Journal* (Online): 131 (1487): 97. 2018.

35. Sharma, M., Joshi, S., Kannan, D., Govindan, K., Singh, R., and Purohit, H. C. "Internet of Things (IoT) adoption barriers of smart cities' waste management: An Indian context." *Journal of Cleaner Production* 270: 122047. 2020.

36. Shu, X., Tian, K., Ciambrone, A., and Yao, D. "Breaking the target: An analysis of target data breach and lessons learned." arXiv, (2017): 1701.04940. 2017.

37. Stead, M. R., Coulton, P., Lindley, J. G., and Coulton, C. The Little Book of Sustainability for the Internet of Things. Imagination Lancaster. 2019. https:// eprints.lancs.ac.uk/id/eprint/131084.

38. Vaute, V. "Right to repair: The last stand in checking big tech's power grab." *Forbes*, February 18, 2021. https://www.forbes.com/sites/ vianneyvaute/2021/02/18/right-to-repair-the-last-stand-in-checking-big-techs-power-grab/?sh=7d7881b51e34.

39. Waldman, P., and Mulvany, L. "Farmers fight john deere over who gets to fix an $800 000 tractor." In bloomberg.com. Bloomberg. 2020.

40. Wang, P., and Johnson, C. "Cybersecurity incident handling: A case study of the Equifax data breach." *Issues in Information Systems* 19 (3). 2018.

41. Weins, K. and Chamberlain, E. "John Deere just swindled farmers out of their right to repair." Wired, September 19, 2018. https://www.wired.com/story/ john-deere-farmers-right-to-repair.

42. Wolf, M. J., Miller, K. W., and Grodzinsky, F. S. "Why we should

have seen that coming: comments on microsoft's tay 'experiment,' and wider implications." *The ORBIT Journal* 1 (2): 1—12. 2017.

43. Yassine, A., Singh, S., and Alamri, A. "Mining human activity patterns from smart home big data for health care applications." *IEEE Access* 5: 13131—13141. 2017.

第六章

谷歌母公司 Alphabet 进军多伦多"兴修重建"：人行道实验室设想中的智慧城市算法治理

安娜·阿尔秋申娜

6.1 引言

2017 年 10 月，谷歌母公司 Alphabet 和加拿大政府宣布，多伦多市已被选为 Alphabet 首个智慧城市项目的开发地点。该新闻稿将人行道实验室多伦多（Sidewalk Toronto）/湖滨区项目（Quayside）① 设想为一个采用数字技术来解决城市发展问题的示范型社区：

> 人行道实验室和多伦多湖滨开发公司在今日宣布了"人行道实验室多伦多项目"，将共同努力在多伦多东部湖滨设计一种新型的混合用途完整社区。该项目将结合前瞻性的城市设计和新的数字技术，创造以人为本的社区，实现可持续性、可负担性、移动性和经济机会的开创性水平（Waterfront Toronto, 2017）。
>
> 在项目两年半时间的存活期中，人行道实验室引入了各种

---

① 人行道实验室多伦多项目已被重新命名为湖滨区项目（Quayside），前者是该公司在项目早期阶段提出的项目名称，后者则是计划建造智慧城市的大片土地的当地地名。

概念和原型。其中数字数据是城市服务和基础设施的基础，包括自动交通控制、市政服务的城市仪表板、由数据驱动的垃圾处理和机器人配送。这些技术将直接或是间接（通过复杂的采购方案）使人行道实验室成为城市智能基础设施的主要供应商（Goodman & Powles, 2019; Carr & Hesse, 2020; Artyushina, 2020）。

人行道实验室提案中一个备受争议的方面是算法规划的概念。按照其说法，这种算法规划必将取代"过时"的分区和建筑规范。在由算法规划的城市中，建筑物和政策从设计上就将是多功能的。如果根据数据预测某片土地的价值即将发生变化，我们可以迅速重新利用。为了实现这种适应能力，人行道实验室提出了一系列技术、治理和规划上的改革：智慧城市的"核心"数字系统将收集有关公民行为和企业交易的实时与历史数据；一些社区服务将被软件应用程序所取代；城市基础设施开发和维护的监督将在一些政府和社会资本合作的模式下进行。2020 年 5 月，该公司以新冠疫情带来的财务不确定性为由，退出了这项交易。

人行道实验室多伦多项目被取消了；然而，世界各地的政策制定者和智慧城市供应商已经开始关注并琢磨一些在此项目中测试了的概念，如算法治理或数据信托。在本章中，我借鉴了算法研究和食利理论（the rentiership theory）①，展示数字数据如何被用于将城市资源重新构思成为商业资产，并以算法治理取代"无效的"市政治理。食利理论（Birch, 2020; Birch & Muniesa, 2020; Geiger & Gross, 2021; Sadowski, 2020a）为我们提供了用于探索算法治理与资本之间关系的宝贵工具。这些研究认识到资产化的过程——将材料和非

---

① 食利理论，也称食利者权利理论、租金理论。食利是一个过程，包括用政治经济和技术（即技术经济）的关系、形式、做法和借口来支撑着资产的所有权和 / 或控制权，从而能够获取未来的收入流（即我们所说的租金）。——译者注

物质物体改造为可交易商品——是平台公司创造价值的关键机制。

在对人行道实验室提案的讨论中，我将以卡岑巴赫与乌尔布里希（Katzenbach & Ulbrich, 2019: 2）提出的算法治理概念作为讨论的基础。他们将算法治理定义为"一种依赖于参与者之间协调的、基于规则的并结合了复杂的基于计算机认识过程的社会秩序形式"。本章的结构如下：首先，我将借鉴算法研究中的文献来审视我们数字公共空间的私有化。然后在第二部分中分析算法治理，将其定义为一种私营治理的形式，并强调指出数字数据私有化与城市资源私有化之间存在的关联。在之后两个部分中，我将讨论人行道实验室提出的智慧城市，以解析算法治理如何通过多种途径促成城市的市场化和私有化。

6.2　方法论

本章在广泛的文献综述的基础上，结合了2018—2020年在人行道实验室多伦多项目进行研究期间收集的实证数据。文档分析中包括了以下几项（全部由人行道实验室和多伦多湖滨开发公司发布）：《项目展望》（The Project Vision）、《创新与发展总体规划第2、3、5卷》（Master Innovation and Development Plan Vols. 2, 3, and 5）、《计划开发协议》（Plan Development Agreement）以及《2019年框架协议》（the 2019 Framework Agreement）。

6.3　新社会秩序

剑桥分析公司丑闻发生后，越来越多的新闻调查吸引了公众的注意力，让人们开始关注算法作为我们个人生活与社会生活的媒介所具有的政治和社会意义。虽然这似乎看上去是一个当代的问题，但社会科学的研究者长期以来一直警告不要将公共论坛私有化，以及平台公司采用算法进行治理时缺乏透明度。在因特罗纳与尼森鲍姆（Introna & Nissenbaum, 2000）对搜索引擎政治的开创性研究中，他们展示了各种企业如何使用复杂的索引技术来优先显示某些信息并淡化"不受欢迎"的网络资源。该研究预示了如今的垄断与隐私危机；其作者认为，对于索引和搜索算法的严格保密将威胁互联网作为民主空间的存在。尼森鲍姆（Nissenbaum, 2004; 2020）开发了语境完整性的概念，旨在将隐私保护纳入算法系统的结构。

拉希（Lash, 2006: 581）在其 Web 2.0 现象学中创造了"新的新媒体本体论"（new new media ontology）一词，以把握向着通信与数字媒体融为一体的社会生活形式的转变。比尔（Beer, 2009）在对拉希的评论中认为，本体论政治的作用揭露了拥有或控制数字基础设施的企业行为者所拥有的能力——操纵用户对现实的感知。比尔引入了"技术无意识"（technological unconscious）的概念，以捕捉已获得建构个人和社区世界观力量的无形算法。同样，吉莱斯皮（Gillespie, 2014）也谈及了控制在线信息流并能够建构政治话语的"公共相关性算法"。

在关于社交媒体平台是否成为回声室（Goldie et al., 2014; Dubois and Blank, 2018），以及算法是否被设计成仇恨言论放大器（Crawford, 2015）的辩论中，数字系统具有影响作用的看法得到了认同。

埃姆斯（Ames, 2018）呼吁更新算法研究的认识论来考虑算法的偶然性。尼兰与默勒斯（Neyland & Mollers, 2017）认为，通过将人类和信息联系起来的机制和网络效应，可以更好地理解算法的社会力量。比尔指出计算机科学家使用的算法传统定义的局限性：算法是由社会关系、商业利益和政治目的建构的。

通过进一步研究软件的社会影响，通信学者已经开始将算法视为文化的产物（Kitchin Dodge, 2014; Chun, 2011; Just and Latzer, 2017; Seaver, 2017, 2019）。在回答这种产物是否具有政治性之经典问题上（Winner, 1980），帕斯奎尔（Pasquale, 2015）、奥尼尔（O'Neil, 2016）与伯勒尔（Burrell, 2016）阐释了算法系统如何延续社会和经济偏见，并且同时保持着无法被公众监督的状态。

为了解开算法系统的技术和文化方面的艰难任务，阿南尼（Ananny, 2016）建议对算法系统及其作者进行价值评估。在其被广泛阅读的关于种族定性和"数字划线"的研究中，诺贝尔（Noble, 2018）、尤班克斯（Eubanks, 2018）与本杰明（Benjamin, 2019）揭露了公共和私营部门使用的算法在许多方面造成了对边缘化群体的歧视。更近期的研究揭示了执法机构在工作中使用算法所导致的歧视做法（Brayne, 2017; Hannah-Moffat, 2019; Robertson et al., 2020）。

6.4　作为私有治理的算法治理

随着个人政治活动向线上的转移以及主要社交媒体平台的两极分化，学者们认识到了算法作为治理实体的力量（Caplan & Boyd, 2018; Gorwa, 2019）。这种话语转向的特点是引起共鸣的政治丑闻，特别是剑桥分析公司的数据泄露事件、Facebook 在最近的缅甸冲突中起到的令人深感不安的作用，以及 Facebook 参与英国反脱欧宣传运动的嫌疑。

吉莱斯皮（Gillespie, 2014, 2018）通过展现社交媒体公司成为政治话语的守门人的后果，为调查平台治理奠定了重要基础。在这个新的数字政治领域，算法拥有缔造并瓦解社区的能力。跟随吉莱斯皮的脚步，政治学、社会学和媒体研究领域的研究者开始研究自动和手动内容审核，以揭示决定向用户提供哪些信息的背景规则和机制（Katzenbach, 2012; Myers West, 2018; Roberts, 2019; Gorwa et al., 2020）。范戴克（Van Dijck, 2013）研究了不同平台实施的算法治理如何影响个人的在线身份。

围绕对大数据的批评及其在科学和政策圈中产生的新的"客观性范式"（paradigm of objectivity），一系列定性研究应运而生（Boyd & Crawford, 2012; Kitchin, 2014; Iliadis & Russo, 2016）。学者们批评了"原始数据"（raw data）的概念，该概念掩盖了使算法成为可能的数据收集、采样和分析的偏颇以及技术的不完整（Gitelman, 2013; Loukissas, 2019）；试图用个人的生活经验取代量化指标的政策制定（Green, 2019）；以及在算法被赋予了决定一个人的职业、移民或犯罪身份的权力情况下，缺乏透明度和正当程序（Crawford & Schultz, 2014）。

奥赖利（O'Reilly, 2013）创造了"算法监管"一词，以捕捉算法治理和各种形式的国家监管之间存在的相似性。一个活跃的学者和从业者社区一直在进行指标和政策框架制定的工作，以了解并评估平台公司所制定的社会秩序形式（Katzenbach & Ulbricht, 2019; Owen, 2019; Haggart & Iglesias Keller, 2021）。

以优步（Uber）和爱彼迎（Airbnb）为例的"零工经济"开辟了一条新的研究路线——分析算法治理的实践如何迁移到线下市场。亚历克斯·罗森布拉特（Rosenblat, 2018）是第一个调查平台公司如何使用算法和信息不对称来剥夺平台员工权利的人。越来越多的研究展示了平台如何创造新市场并进入传统市场，以及如何

试图用算法治理代替市政府、公共服务和公共基础设施（Srnicek,
2017; van Dijck et al., 2018; Graham & Woodcock, 2018）。

平台的政治经济学越发成为算法治理研究的中心舞台。这一趋
势反映在对技术部门所采用的经济实践的一系列新定义的涌现上：
监控资本主义（Zuboff, 2019）、技术科学资本主义（Birch et al.,
2020）、平台资本主义（Srnicek, 2017）和数据殖民主义（Couldry
& Mejias, 2020）。在探索当代数字经济的各个方面时，学者们认为，
数据已经成为最受追捧的中心资产；而平台公司对行为矫正技术的
运用是作用于其商业模式功能的一环；并解释了数据中介的影子经
济的内部机制：这些中介进行数据交易并提供数据估值。

伯奇与穆涅萨（Birch & Muniesa, 2020）强调了当代经济的知识
产权密集型的特征，并展示了社交媒体平台如何转变成为半自治市
场。同样，萨多夫斯基（Sadowski, 2019）认为，在食利经济中，数
据已成为一种新的资本形式，他（2020b）研究了市政当局和执法机
构如何将城市中收集的数据加以利用、从中获利并将数据武器化。

6.5 人行道实验室多伦多项目：
由算法规划和治理的城市

在其存在的两年半的时间里，人行道实验室制作了数千页的文
档。该项目一路上产生了许多变化，其中最初的提案承诺多伦多人
行道实验室将成为"最大的城市数据存储库"，并用收集的居民数
据盈利（Goodman & Powles, 2019; Carr & Hesse, 2020），后来又引
入公民数据治理工具的文件（Artyushina, 2020; Scassa, 2020）。在所
有版本中，智慧城市项目的核心仍然是承诺用私营的自动化治理来

取代"低效"的市政治理，并相信算法可以有效地用于约束和监督城市居民。

人行道实验室的规划创新——"基于结果的代码"——最能说明该公司将城市治理视为算法治理的愿景。基于结果的代码在该提案的第一版《项目展望（2017）》中导入。在这份长达 200 页的文件中，该公司正确地找出了多伦多的关键问题是城市高昂的生活成本以及交通管理。算法应该取代"过时"的分区和建筑规范，为人行道实验室提供它们用来得到城市房地产和土地的市场价值中极其需要的灵活性：

> 这种新系统将奖励良好的性能表现，同时使建筑物能够适应混合用途环境的市场需求。人行道实验室相信，基于结果的代码加上传感器技术可以协助以更低的成本实现更可持续、更灵活、更高性能的建筑。（Project Vision 2017: 120）

在安大略省，城市被划分为单种用途的区域，以避免混合用途空间导致负面结果。例如，安大略省不允许在住宅区建造化工厂，也不允许在公立学校附近建造安全注射诊所。同样，建筑法规是管理该省建筑物的建造、翻新和用途变更的立法（Ontario's Building Code n.d.）。

在《项目展望（2017）》中，人行道实验室提出在规划上用算法取代严格的政府法规。该公司提出不去限制多用途空间，而是在舒适性、日光获取以及空气和水质量上设定最低标准。这种新的灵活要求将鼓励开发商在建筑和规划解决方案上试验；如果人行道实验室的数据建模显示了增加土地回报的可能性，工业设备就可能会搬迁到住宅区。从该公司提供的使用案例来看，智慧城市的新建筑将免除传统的日光获取的要求（Project Vision 2017: 122）。通过传感器系统，算法将在各个建筑物的整个生命周期中对其进行监控。作为基于结果的治理战略的重要组成部分，这些设备将收集有关城市空间使用、能源使用、光照条件以及空气、水和噪声污染的实时信息。如果在某些时间点，数据显示某建筑没有符合公司的最低要求，人行道实验室将对开发商处以罚款。

就像其他形式的"授权监管"一样，人行道实验室对算法治理的愿景是由对市场力量的信念所驱动的。在北美，认为国家控制只是私营部门创新工作的障碍的假设相当普遍：最近多伦多绿化带拆除（Crombie, 2020）的丑闻表明，加拿大开发商在分区和环境监管方面面临的风险有多高。

通过基于结果的代码，人行道实验室朝着城市治理的私有化又迈出了一步。算法规划目的在于通过将数据控制者置于监管者的位置，来清除国家官僚机构的规划过程。数据建模将允许人行道实验室设置试探性的混合用途区域，并将根据城市空间和基础设施使用的实时数据更新。不断变化的住房市场或在数据趋势中反映出的对新停车场的需求，可能导致土地被重新划分。为了实现这种转变，人行道实验室提出了一系列建筑创新，包括允许住宅空间快速适应非住宅用途的灵活建筑规范，以及可用于改变建筑物高度、形状和内部的类似乐高的木结构建筑块（MIDP Vol. 2—3）。

这些举措如果实施了，人行道实验室基于结果的代码将需要"四种有意义的改革策略"（Project Vision 2017: 121）：简化（住宅和非住宅建筑受相同的建筑要求规定）；灵活性（根据市场表现更新城市代码）；互通性（数据驱动的规则同时适用于公共和私人空间）；以及自动许可审查。

作为一种社会秩序形式，算法规划对不当行为和不合规非常敏感。在整个项目的大量文档中，人行道实验室提出了多种算法奖励合规个人用户并惩罚违规者的方法：

> 作为传统监管的替代方案，人行道实验室为城市设想了一个使用基于结果的代码来管理建筑环境的未来。这代表了一套全新的简化并高度响应的规则，并且更侧重于监测输出，而不是广泛调节输入。借助用于实时监控和自动监管的嵌入式传感，这种新的代码将奖励积极行为并惩罚消极行为，同时也认识到居民和游客对多用途社区的价值越发看重。（Project Vision 2017: 139）

为了创建一个"反馈循环"，让数据控制者理解并主动建构人类行为，人行道实验室设想了技术公司与行为科学家的合作（Project Vision 2017: 31）。在《创新发展总规划》（Master Innovation Development Plan, MIDP Vol. 2: 351）中，人行道实验室为这项创新提供了一个用例："按量付费"（Pay-as-you-throw）智能垃圾处理系统将收集有关个人和/或家庭的数据，以设定不同的定价。这个例子说明，作为一种社会秩序形式，算法治理优先考虑商业利益而不是公共利益，并进一步加深监视蔓延。

在被泄露的黄皮书（Cardoso & O'Kane, 2019）中，人行道实验室设计了自己版本的社会信用系统。该实验室将为所有个人、企业和物质对象生成其独有的数据标识符。智慧城市将收集其边界内每个实体的实时位置数据和历史数据。居民将因与公司共享更多数据而获得奖励，而一个人的数字声誉将成为"社区合作的新货币"。选择不参与数据收集的居民将无法使用某些服务。多伦多人行道项目将要求获得私营的警务行使权力（类似于大学），警察可以在逮捕一个人的时候获取他的数据。总体来说，该文件表明，人行道实验室认为私人控制城市基础设施具有"以多种途径创造价值的巨大潜力"。

6.6 作为资产的城市

该项目的批评者认为，多伦多湖滨开发公司在邀请一家私营公司共同为拟议的智慧城市制定治理战略方面犯了错误，因为人们不能指望一家私营公司会保护公共利益（Balsillie, 2018; Haggart, 2021）。在本节中，我将进一步阐述这一论点。通过利用食利理论，我认为多伦多人行道项目中的算法治理是食利经济的一个例子，旨在将城市资源和空间转化为商业资产。

根据人行道实验室的说法，多伦多湖滨开发公司发布了一项智慧城市提案请求，"以释放东部湖滨区作为城市进步和经济发展引擎的潜力"（MIDP Vol. 3: 21）。事实上，该项目的双方都被经济目标所吸引。

2017 年，作为非营利性企业的多伦多湖滨开发公司即将结束其政府资助周期，并正在积极寻找私人投资者（Goodman & Powles, 2019）。谷歌旗下的开发公司人行道实验室承诺吸引 39 亿美元的融资和信贷，其中包括 9 亿美元用于建设拟议的房地产和智能基础设施，以及额外的 4 亿美元用于将轻轨运输扩展到东部湖滨（MIDP, Vol. 3: 31）。作为交换，该公司要求对该项目开发的数据拥有知识产权；将智慧城市扩展到港口土地①，以折扣价出售土地；咨询和工

---

① 该公司要求增加 77 公顷的土地，以创建"创意区"。根据 MIDP，最初要求的 12 英亩土地无法使该项目具有经济方面的可行性。

程服务根据绩效付款；并以市场价格对基础设施建设进行补偿。此外，人行道实验室和多伦多湖滨开发公司之间的合同确保了人行道实验室为该项目采购的独家权利，并禁止多伦多湖滨开发公司为该项目考虑其他合作伙伴（PDA, 2018; Muzaffar, 2018; Goodman & Powles, 2019）。

从长远来看，该市将需要从人行道实验室购买或租赁智能基础设施，并在被应用程序取代的公共服务上，该公司将会引入差别定价。人行道实验室多伦多项目中的废弃物管理仅仅是这种商业模式的一个例子。该公司将使用由数据驱动的机器人处理废弃物，以取代城市的废弃物回收服务。在将居民的垃圾送入地下隧道并自动分类之前，"智能"垃圾桶将根据其数字档案计算费用。

从表面上看，这种公私伙伴关系并不罕见。智慧城市项目通常由供应商资助和实施，以换取数据和对公共设施的获取使用（Green, 2019; Alizadeh et al., 2019）。人行道实验室多伦多项目的独特之处在于该公司作为政策制定者的角色。

人行道实验室建议为多伦多项目建立五个新的治理实体，包括公共管理员（the Public Administrator, PA）、开放空间联盟（Open Spaces Alliance, OSA）、湖滨区住房信托基金（Waterfront Housing Trust）、城市数据信托（Urban Data Trust）和湖滨区运输管理协会（Waterfront Transportation Management Association, WTMA）。由于城市数据信托已经被广泛研究，我在这里将不再讨论；研究表明，该数据信托的主要目的是从智慧城市（Artyushina, 2020; Scassa, 2020）收集的数据中提取租金。

公共管理员（PA）可能是该提案中最有趣的职能。人行道实验室设想这个PA将成为其主要合作伙伴，以及公司与政府监管机构之间的媒介。由于多伦多湖滨开发公司的授权范围仅覆盖了该智慧城市所需土地的一小部分，它无法胜任这个角色，尤其因为人行道实验室希望公共管理员（PA）能够帮助更新现有的加拿大法律来适应该项目（MIDP, Vol. 3: 70）。具体而言，PA 将制定基础设施和交通网络的计划，并与市、省政府协调，以获得必要的批准。

在宣布这笔交易时，Alphabet 董事长埃里克·施密特（Eric Schmidt）提到，人行道实验室多伦多项目这样的规模可能需要"从现有法律法规得到大幅度的宽容对待"（Hook, 2017）。例如，为了建立由算法规划的城市所需的高度灵活的物理基础设施，并为机器人配送创建地下隧道网络，相关的法律法规必须更新。随着算法规划的实施，建筑物必须能够为了应对不断变化的市场而快速变更用途，PA 则需要经常性地与市议会和环境机构协商。

开放空间联盟（OSA）将管理人行道实验室多伦多项目中的户外空间，包括街道、公园和娱乐区域。人行道实验室汇集了各种创新技术，以改变居民利用城市空间的方式：能使街道在寒冷季节中变得更舒适宜人的自动天棚，根据商业机会灵活使用地面楼层，以及根据不断变化的社区需求能够变更用途的绿色空间。如"生成式设计"模型和"开放空间资产"的在线地图等算法规划工具（MIDP, Vol. 2: 184），将有助于 OSA 成员识别人行道实验室多伦多项目中更多娱乐、零售和绿色空间的机会。该公司挑战公共空间的概念，将这些"灵活的户外空间"设想为通过开放空间联盟中的各种资源来共同管理和资助（MIDP, Vol. 2: 123）：开放空间联盟（OSA）将代表公民、土地所有者和政府。

在人行道实验室看来，OSA 将解决责任交叉的问题，即当市政服务无法决定谁负责什么的时候，公共空间无法得到适当的照管。一些市政服务，如公园和游乐场的维护可以完全取消。该公司建议创建一个应用程序，用来监控绿地使用情况，并为不需要专门培训的维护人员提供详细说明（MIDP, Vol. 2: 191）。人行道实验室与加拿大的两个城市规划非营利组织合作开发了 CommonSpace 应用程序的原型（MIDP, Vol. 2: 184）。

为了解决多伦多的住房危机，人行道实验室承诺提供 6 800 套经济适用房。通过使用新型材料（木材）与新型建筑技术（能够在建筑物开发完成后很长时间内对其进行重建、修复或用途变更的预制建筑构件块），可以达到经济可负担性（MIDP, Vol. 2: 205）。商业地产是人行道实验室极为关注的重点。在其为数众多的提议中，包括了创建一个储存有关智慧城市所有商业交易信息的数据库，以及创建一个帮助年轻企业短期租用空间的应用程序。人行道实验室多伦多项目的房地产将由湖滨区住房信托基金管理（MIDP, Vol. 2: 284）。该信托基金将从公共和私人来源寻求资金，以支持智慧城市中低于市场价的住房和可负担性解决方案。

拟议的湖滨区运输管理协会（WTMA）将把算法治理的逻辑扩展到移动基础设施上，使用居民移动的数据来提高道路和高速公路的使用效率，并引入差别定价："（它是）一个负责协调整个移动网络的新公共实体——可以通过使用实时空间分配和定价来管理路边的交通拥堵，鼓励人们在繁忙时段选择替代的出行模式（MIDP, Vol. 2: 367）。"

正如娜塔莎·图西科夫（Natasha Tusikov, 2021）在她对人行道实验室项目的分析中所指出的那样，拟议的治理战略十分模糊且不成熟。虽然该公司坚持为智慧城市建立新的半私有治理机制，但并没有具体说明这些机构的结构、法律地位或与现有加拿大机构的关系。

在提案中具体说明的是这些新的治理机构在将城市资源和空间重新定义为商业资产上的显著作用。在可能的情况下，市政服务都将被自动化的私人服务取代，"不灵活"的市政治理将被以利润为导向的算法治理所取代。嵌入在城市结构中的传感器将收集实时和历史数据，成为该公司致力于实现的"基于证据的决策"的基础。

我们在人行道实验室的智慧城市项目中看到了算法治理的常见特征：对数据的客观性和可靠性的信奉，对私人治理是公共部门需要实现的黄金标准的信奉，以及对算法应该训练和约束人类的信奉。作为一种社会秩序的形式，算法治理与城市的商业化和私有化密不可分。

6.7　结论

在本章中，我将曾经相距甚远的算法研究和食利理论两个领域联系起来，将算法治理作为一种社会秩序的形式进行分析。首先，我讨论了科技公司成功垄断北美的数字公共空间的策略。其次，我以 Alphabet 位于加拿大多伦多的智慧城市作为案例研究，展示了不同形式的算法治理如何被重新调整，以实现城市服务的商业化和私有化。

透过食利理论的视角 ①，我审视了人行道实验室对于智慧城市公私合作伙伴关系的提案。分析表明，该项目的基本目标是用自动化的私有治理取代市政治理。同样，我分析了该公司"基于结果的代码"的概念，此概念被营销为监控和监管个人居民和社区的一种有效方法。通过将这两个例子并列比较，我强调了算法规划作

---

① 原文：Though the lens of the rentiership theory，可能是 Through the lens of 的笔误。
　　——译者注

为一种新的社会控制形式与智慧城市中城市服务的自动化之间的
联系。

参考文献

1. Alizadeh, T., Helderop, E., and Grubesic, T. "There is no such thing as free infrastructure: Google fiber." In *How to Run a City Like Amazon and Other Fables.* Meatspace Press. 2019.

2. Ames, M. G. "Deconstructing the algorithmic sublime." Big Data and Society, 2018.

3. Ananny, M. "Toward an ethics of algorithms: Convening, observation, probability, and timeliness." *Science, Technology, & Human Values* 41（1）: 93—117. 2016.

4. Artyushina, A. "Is civic data governance the key to democratic smart cities? The role of the urban data trust in Sidewalk Toronto." *Telematics and Informatics* 55: 101456. 2020.

5. Balsillie, J. "Sidewalk Toronto has only one beneficiary, and it is not Toronto." *The Globe and Mail* 5. 2018.

6. Beer, D. "Power through the algorithm? Participatory web cultures and the technological unconscious." *New Media & Society* 11（6）: 985—1002. 2009.

7. Beer, D. "The social power of algorithms." *Information, Communication & Society* 20 1: 1—13. 2017.

8. Benjamin, R. *Race after technology: Abolitionist tools for the new jim code.* Polity Press. 2019.

9. Birch, K. "Technoscience rent: Toward a theory of rentiership for technoscientific capitalism." Science, Technology, & Human Values 45（1）: 3—33. 2020.

10. Birch, K., and Muniesa, F.（eds.）. *Assetization: turning things into assets in technoscientific capitalism.* MIT Press. 2020.

156

11. Birch, K., Chiappetta, M., and Artyushina, A. "The problem of innovation in technoscientific capitalism: Data rentiership and the policy implications of turning personal digital data into a private asset." *Policy Studies* 41 (5): 468—487. 2020.

12. Bowden, N. "Introducing replica, a next-generation urban planning tool." Sidewalk Labs. 2018. https://www.sidewalklabs.com/insights/introducing-replica-a-next-generation-urban-planning-tool.

13. Boyd, D., and Crawford, K. "Critical questions for big data: Provocations for a cultural, technological, and scholarly phenomenon." *Information, Communication & Society* 15 (5): 662—679. 2012.

14. Brayne, S. "Big data surveillance: The case of policing." *American Sociological Review* 82 (5): 977—1008. 2017.

15. Burrell, J. "How the machine 'thinks' : Understanding opacity in machine learning algorithms." *Big Data & Society* 3 (1): 2053951715622512. 2016.

16. Caplan, R., and Boyd, D. "Isomorphism through algorithms: Institutional dependencies in the case of Facebook." *Big Data & Society* 5 (1): 2053951718757253. 2018.

17. Cardoso, T., and O'Kane, J. "Sidewalk Labs document reveals company's early vision for data collection, tax powers, criminal justice." *The Globe and Mail.* 2019. https://www.theglobeandmail.com/business/article-sidewalk-labs-document-reveals-compa-nys-early-plans-for-data.

18. Carr, C., and Hesse, M. "When Alphabet Inc. plans Toronto's waterfront: New post-political modes of urban governance." *Urban Planning* 5 (1): 69—83. 2020.

19. Chun, W. H. K. *Programmed Visions: Software and Memory*. MIT Press. 2011.

20. Couldry, N., and Mejias, U. A. *The costs of connection: How data are*

colonizing human life and appropriating it for capitalism. Stanford University Press. 2020.

21. Crawford, K. "Can an algorithm be agonistic?" Scenes of Contest in Calculated Publics. 2015.

22. Crawford, K., and Schultz, J. "Big data and due process: Toward a framework to redress predictive privacy harms." *BCL Review* 55: 93—128. 2014.

23. Crombie, D. "Province refuses to kill controversial legislation in wake of Greenbelt Council resignations." CBC, December 07, 2020 https://www.cbc.ca/news/canada/toronto/ontario-greenbelt-latest-1.5830891.

24. Dubois, E., and Blank, G. "The echo chamber is overstated: The moderating effect of political interest and diverse media." *Information, Communication & Society* 21 (5): 729—745. 2018.

25. Eubanks, V. *Automating Inequality: How High-tech Tools Profile, Police, and Punish the Poor.* St. Martin's Press. 2018.

26. Geiger, S., and Gross, N. "A tidal wave of inevitable data? Assetization in the consumer genomics testing industry." *Business & Society* 60 (3): 614—649. 2021.

27. Gillespie, T. "The relevance of algorithms." *Media Technologies: Essays on Communication, Materiality, and Society* 167 (2014): 167. 2014.

28. Gillespie, T. *Custodians of the Internet: Platforms, Content Moderation, and the Hidden Decisions That Shape Social Media.* Yale Press. 2018.

29. Gitelman, L. (ed.). *Raw Data is an Oxymoron.* MIT Press. 2013.

30. Goldie, D., Linick, M., Jabbar, H., and Lubienski, C. "Using bibliometric and social media analyses to explore the 'echo chamber' hypothesis." *Educational Policy* 28 (2): 281—305. 2014.

31. Goodman, E. P., and Powles, J. "Urbanism under google: Lessons from sidewalk Toronto." *Fordham Law of Review* 88: 457. 2019.

32. Gorwa, R. "What is platform governance?" *Information, Communication*

& *Society* 22 (6): 854—871. 2019.

33. Gorwa, R., Binns, R., and Katzenbach, C. "Algorithmic content moderation: Technical and political challenges in the automation of platform governance." *Big Data & Society* 7 (1): 2053951719897945. 2020.

34. Graham, M., and Woodcock, J. "Towards a fairer platform economy: Introducing the fairwork foundation." *Alternate Routes*, 29, pp. 242—253. 2018.

35. Green, B. *The Smart Enough City: Putting Technology in Its Place to Reclaim Our Urban Future*. MIT Press. 2019.

36. Haggart, B. "MIDP liveblog entries." Blayne Haggart's Orangespace, Accessed January 12, 2021. https://blaynehaggart.com/midp-liveblog-entries.

37. Haggart, B. and Keller, C. I. "Democratic legitimacy in global platform governance." *Telecommunications Policy* 45 (6): 102152. 2021.

38. Hannah-Moffat, K. "Algorithmic risk governance: Big data analytics, race and information activism in criminal justice debates." *Theoretical Criminology* 23 (4): 453—470. Hollands, Robert G. 2015. "Critical interventions into the corporate smart city." *Cambridge Journal of Regions, Economy and Society* 8 (1): 61—77. 2019.

39. Hollands, R. G. "Will the real smart city please stand up?: Intelligent, progressive or entrepreneurial?" In *The Routledge Companion to Smart Cities*, pp. 179—199. Routledge. 2020.

40. Hook, L. Alphabet to build futuristic city in Toronto." *The Financial Times* 17. 2017.

41. Iliadis, A., and Russo, F. "Critical data studies: An introduction." *Big Data & Society* 3 (2): 2053951716674238. 2016.

42. Introna, L. D., and Nissenbaum, H. "Shaping the web: Why the politics of search engines matters." *The Information Society* 16 (3): 169—185. 2000.

43. Just, N. and Latzer, M. "Governance by algorithms: Reality construction by algorithmic selection on the Internet." *Media, Culture & Society* 39 (2): 238—

258. 2017.

44. Katzenbach, C. "Technologies as institutions: Rethinking the role of technology in media governance constellations." In *Trends in Communication Policy Research: New Theories, Methods and Subjects*. Edited by Natasha Just and Manuel Puppis. Intellect., pp. 117—139. 2012.

45. Katzenbach, C. and Ulbricht, L. "Algorithmic governance." *Internet Policy Review* 8 (4): 1—18. 2019.

46. Kitchin, R. "Big Data, new epistemologies and paradigm shifts." *Big Data & Society* 1 (1): 2053951714528481. 2014.

47. Kitchin, R., and Dodge, M. *Code/space: Software and Everyday Life*. MIT Press. 2014.

48. Lash, S. "Dialectic of information? A response to Taylor." *Information, Community & Society* 9 (5): 572—581. 2006.

49. Loukissas, Y. A. *All Data Are Local: Thinking Critically in a Data-Driven Society*. MIT Press. 2019.

50. Master Innovation and Development Plan. n.d. Sidewalk Toronto. https://www.sidewalktoronto.ca/midp.

51. Moats, D., and Seaver, N. "'You Social Scientists Love Mind Games': Experimenting in the 'divide' between data science and critical algorithm studies." *Big Data & Society* 6 (1): 2053951719833404. 2019.

52. Morozov, E. "Google's plan to revolutionise cities is a takeover in all but name." *The Guardian* 22. 2017.

53. Muzaffar, S. "My full resignation letter from waterfront Toronto's digital strategy advisory panel." *Medium*, October 31, 2019. 2018.

54. Myers West, S. "Censored, suspended, shadowbanned: User interpretations of content moderation on social media platforms." *New Media & Society* 20 (11): 4366—4383. 2018.

55. Neyland, D., and Möllers, N. "Algorithmic IF... THEN rules and the

conditions and consequences of power." *Information, Communication & Society* 20 (1):45—62. 2017.

56. Nissenbaum, H. "Privacy as contextual integrity." *Washington Law Review* 79: 119. Nissenbaum, Helen. 2020. *Privacy in Context.* Stanford University Press. 2004.

57. Noble, S. U. *Algorithms of Oppression.* New York: New York University Press. O'Kane, Josh. 2018. "Inside the mysteries and missteps of Toronto's smart-city dream." *The Globe and Mail*, May 17, 2018.

58. O'Kane, J. "Waterfront Toronto moving forward on Sidewalk Labs's smart city, but with limits on scale, data collection." *The Globe and Mail.* October 31, 2019.

59. O'neil, C. *Weapons of Math Destruction: How Big Data Increases Inequality and Threatens Democracy.* Crown. 2016.

60. Ontario's Building Code. 2021. https://www.ontario.ca/page/ontarios-building-code.

61. O'Reilly, T. "Open data and algorithmic regulation." *Beyond Transparency: Open Data and the Future of Civic Innovation* 21: 289—300. 2013.

62. Owen, T. "The Case for Platform Governance." CIGI Papers no. 231, November 2019.

63. Pasquale, F. *The Black Box Society.* Cambridge, MA: Harvard University Press. 2015.

64. Plan Development Agreement (PDA). Sidewalk Labs, July 31, 2018.

65. Roberts, S. T. *Behind the Screen.* New Haven, CT: Yale University Press, 2019.

66. Robertson, K., Khoo, C., and Song, Y. "To surveil and predict: A human rights analysis of algorithmic policing in Canada." 2020.

67. Rosenblat, A. *Uberland: How Algorithms Are Rewriting the Rules of Work.* University of California Press. 2018.

68. Sadowski, J. "When data is capital: Datafication, accumulation, and extraction." *Big Data & Society* 6 (91): 2053951718820549. 2019.

69. Sadowski, J. "The internet of landlords: Digital platforms and new mechanisms of rentier capitalism." *Antipode* 52 (2): 562—580. 2020a.

70. Sadowski, J. *Too Smart: How Digital Capitalism is Extracting Data, Controlling Our Lives, and Taking over the World*. MIT Press. 2020b.

71. Scassa, T. "Designing data governance for data sharing: Lessons from sidewalk Toronto." *Technology and Regulation* (2020) 2020, 44—56. 2020.

72. Seaver, N. "Algorithms as culture: Some tactics for the ethnography of algorithmic systems." *Big Data & Society* 4 (2): 2053951717738104. 2017.

73. Seaver, N. "Captivating algorithms: Recommender systems as traps." *Journal of Material Culture* 24 (4): 421—436. 2019.

74. Shelton, T., Zook, M., and Wiig, A. "The 'actually existing smart city'." *Cambridge Journal of Regions, Economy and Society* 8 (1): 13—25. 2015.

75. Srnicek, N. *Platform Capitalism*. Wiley. 2017.

76. The Project Vision. 2017. Sidewalk Labs. https://www.slideshare.net/civictechTO/sidewalk-labs-vision-section-of-rfp-submission-toronto-quayside.

77. Tusikov, N. "Liveblogging Sidewalk Labs' master innovation and development plan: Guest post: An analysis of all the new public agencies proposed in the MIDP." 2021. Accessed January 12, 2021. https://blaynehaggart.com/midp-liveblog-entries.

78. Van Dijck, J. "'You have one identity': Performing the self on Facebook and LinkedIn." *Media, Culture & Society* 35 (2): 199—215. 2013.

79. Van Dijck, J., Poell, T., and De Waal, M. *The Platform Society: Public Values in a Connective World*. Oxford University Press. 2018.

80. Vanolo, A. "Smartmentality: The smart city as disciplinary strategy." *Urban Studies* 51 (5): 883—898. 2014.

81. Waterfront Toronto. "New district in Toronto will tackle the challenges of urban growth." Waterfront Toronto, October 17, 2017. https://waterfrontoronto.ca/nbe/portal/waterfront/Home/waterfronthome/newsroom/newsarchive/news/2017/october/new+district+in+toronto+will+tackle+the+challenges+of+urban+growth.

82. Winner, L. "Do artifacts have politics?" *Daedalus* 109 (1): 121—136. 1980.

83. Wylie, B. "Civic Tech: A list of questions we'd like Sidewalk Labs to answer". TORONTOIST October 30, 2017.

84. Wylie, B. "Searching for the smart city's democratic future." Centre for International Governance Innovation, August 13, 2018. https://www.cigionline.org/articles/searching-smart-citys-democratic-future.

85. Zuboff, S. *The Age of Surveillance Capitalism: The Fight for a Human Future at the New Frontier of Power*. Profile Books, 2019.

———— 第七章 ————

智慧城市中的未来运输与物流：安全与隐私

内金·米纳伊

7.1 引言

回顾无人驾驶飞机事故数据以及人为因素错误，引发了一些关于我们空域安全的担忧，特别是无人机运行所涉及的公共安全风险，对人员、财产、隐私和安全的威胁，以及可能带来的环境负担。由于33%—67%的飞行器故障都与机电错误有关，因此考虑公共场所中公民的安全十分重要。孔泽（Kunze, 2016）指出的全球趋势中包括了城市地区的新型移动和物流形式，以及数字化和全球化。虽然气候变化和新兴的弹性城市、可持续城市和智慧城市概念的关注重点主要集中在绿色和可持续的基础设施上，其中包括物流和运输，但是城市人口的快速增长也催生了城市垂直扩张的需求。紧凑型城市是我们应对快速城市人口增长和气候变化的最佳选择；因此，我们需要新的规划形式和设计，以及为公民提供服务，以保护人们免受各种威胁的影响，包括自然灾害和未来技术带来的危害。由于这些相互关联已经变得越来越复杂，城市需要提前慎重思考、研究以及预测未来；此外，无人机已出现在城市上空，其数量也正在急剧增加。美国联邦航空管理局的报告（2019）指出，业余和专业的飞行操作员共用同一片天空将导致一些问题。先驱城市已经开始创建垂直社区，例如伦敦的卡纳莱托（Canaletto）大楼，该大楼曾展示了阿拉伯联合酋长国公路和运输局的飞行出租车（Rahman, 2017）。其中一项不可避免和快速成长的技术是无人机（UAV）。无人机技术经过进化演变，变得更轻、更便宜，并且其大规模生产能力使其在军事、商业和家庭使用上都拥有了巨大的市场。仅在英国，预计到 2023 年无人机的市场规模就将达到 882 亿美元，仅占全球市场的 3.6%（He, 2015）。对未来活跃无人机数量的中长期预测均显示出了快速增长。无人机行业规模在 2013 年约为 60 亿美元，预计到 2023 年这一数字将翻一倍（Bommarito, 2012）。

美国联邦航空管理局估计，业余爱好者对无人驾驶飞机系统（UAS）的购买量可能从 2016 年的 190 万增加到 2020 年的 430 万。在一个新的预测中，美国联邦航空管理局预计仅从 2019 年至 2023 年期间商用无人机的销售将翻三倍（FAA, 2019）。用于商业目的的无人机销售总额预计将从 2016 年的 60 万美元增长到 2020 年的 270 万美元。业余爱好者和商业用途的无人机合计销售总额预计将从 2016 年的 250 万美元增加到 2020 年的 700 万美元（FAA, 2016a）。

仅在 2020 年，在美国面向消费者的无人机销售就超过 12.5 亿美元，预计到 2025 年——即在不到四年的时间里——将增长到 636 亿美元（Insider Intelligence, 2021）。

在伦敦举行的无人机竞赛，以及将无人机竞赛注册为专业运动的努力，使无人机变得更加流行。此外，"地面无人机"或 AEV，也被称为"无人驾驶运输系统""自动导航车辆"或"自动地面车辆"（AGV），也在增加。例如，在 2012 年和 2013 年，美国的环境保护署（EPA）、国土安全部和州警察部门出于环境保护和安全原因部署了无人机。联邦航空管理局（FAA）负责确保无人机的操作安全（Schlage, 2013）。无人驾驶飞行器（UAV）和自动驾驶飞行器（AAV）很快将占据城市环境的天空。尽管大多数国家都已经制定了无人机的相关法规，但缺乏足够的近地空中交通法规仍然很明显（Kunze, 2016）。例如，FAA 法规将最大飞行高度设定为 400 英尺（FAA, 2016c），以防止与飞机发生近距离碰撞，但没有用来防止无人机伤害人员、财产和都市家具的最低飞行高度限制。《加拿大航空条例》规定了最低高度限制为 100 英尺（Department of Transport, 2021）。然而 FAA 最近宣布，由于"对空中交通管理最佳实践上达成共识"（Lopez, 2018）等技术挑战，对无人机监管规定的最终敲定被推迟到 2022 年。等到 2022 年规则出台时，城市天空空间将挤满了无人驾驶飞行器、自动驾驶飞行器和飞行汽车。"飞行汽车"项目是 NASA 与优步（Uber）的合作项目，于 2017 年启动，旨在帮助在拥挤城市中导航；同时他们也开始开发空中交通管制系统（Wall, 2017）。将都市空中运输与现有的城市交通系统以及可能的智能交通系统整合在一起将是一道难题，而加州理工学院等一些以技术为主的实验室已经开始试图攻克此挑战（Chung & Gharib, 2019）。

城市规划者、设计师和政策制定者需要立刻研究和规划，以便在最终敲定规定之前为 FAA 提供战略和政策。随着垂直公共空间和智慧城市技术的出现，由于街道级闭路电视的监控不再能够覆盖这些空间，执法部门对垂直空间中无人机交通的监控和控制变得更加复杂（Rahman, 2017）。另外，在紧凑型城市的高层建筑的包围下，无人机的 GPS 由于无法轻易从卫星获取 GNSS 数据，其测距准确性会降低（French, 2017）。这意味着在城市中无人机相撞的可能性会升高。这需要规划者和工程师注意思考在敏感或危急情况下的监控、跟踪以及可能需要与无人机交互的新技术（Minaei et al., 2017）。

本章旨在寻找（技术、政策和设计上的）解决方案，以保护城市天空和公共城市空间免受包括无人机在内的飞行物体导致的潜在风险。它着眼于无人机技术的应用及其发展和影响、潜力和关注点，以及提出的解决方案，然后对其进行分析。所使用的方法是面向未来的技术分析（FTA）（Halicka, 2016）。所采用的 FTA 四步法如下（Cagnin et al., 2008）：第一步，通过在理论部分回顾文献以及行业新闻来了解当前情况，包括从无人机的定义、技术和演变，到其应用机会和需要关注的问题点。第二步，通过识别并对未来主义思想家以及行业和安全公司提出的解决方案分类，在结果和讨论部分提出能够保护天空的不同解决方案和设想情况。第三步，选择最合理的解决方案，并将其分为两组，供未来的智慧城市和非智慧城市使用。智慧城市可以获得投资来建设其智能基础设施。非智慧城市需要经济可行的解决方案，且这些解决方案将会是制造商、政策制定者和用户之间合作的结果。第四步，为今后的研究提出一些问题。

7.2　方法论与分析

包括无人驾驶飞行器（UAV）和自动驾驶飞行器（AAV）在内的飞行物体是目前传播和提升最快的技术之一，它涉及了不同的利益相关者和学科，如法律、公民隐私、国防和军事、环境研究、城市规划和设计等。由于这是一个多学科的问题，我们需要从不同的角度来理解，并需要政策制定者、技术专家、政府和市政当局采取行动来共同解决。FTA 方法基于四项原则：未来导向、参与、证据和多学科性。古达诺夫斯卡（Gudanowska）[①] 将 FTA 定义为一种识别和系统地描述技术过程、技术发展及其对未来潜在影响的方法（Halicka, 2015）。因为与这四项原则密切相关，对于这项研究来说，FTA 看上去是合理的方法；并且作者假设未来并未预先确定，参与者可以通过在当前思考、计划并选择最佳决策来达到期望的未来状态（Cagnin et al., 2008）。由于城市天空已经开始被这些飞行物体所占据，且数量也正在急剧增加，现在就是需要规划未来城市天空与垂直空间的时机。FTA 是技术预见方法的总称，最初由欧盟委员会联合研究中心前瞻性技术研究所（the European Commission's Joint Research Centre Institute for Prospective Technological Studies, JRC-IPTS, 2005: 7）所创造。FTA 包括了技术发展前瞻性规划的 50 种不同的方法和三个主要阶段，包括了解技术、充实潜力、预测可能的发展道路（Halicka, 2015）。基于这三个阶段，本章（1）描述了无人机技术的性质及其功能和应用，（2）使用描述性方法回顾了有关其潜力和关注问题的文献，（3）研究了其他未来学家的不同解决方案，以保护我们的天空不受飞行物体可能带来的安全威胁，这些解决方案包括了不同的场景情况，并分为五个主要类别。

在本章中，我们将从这些解决方案中提取最合理、最具功能性和经济性的因素，以便更好地规划和管理城市空间中的无人机。本章最后提出了一个多学科的管理方案包，其中的解决方案将需要技术开发人员、无人机生产商、政策制定者和无人机用户之间的合作。

---

① 原文是 Guduanowska，根据 Halicka 原文中的参考文献是 Gudanowska，可能有笔误。——译者注

7.3 理论（综述）

7.3.1 都市空中交通

这项研究始于 2016 年，在美国国家航空航天局（NASA）于 2017 年 11 月表达其担忧之前，作者对未来城市天空的安全和安保的担忧首次在 2017 年 10 月的第二届国际地理信息系统和遥感会议上表达出来。该摘要发表在了《遥感和地理信息系统杂志》（*Journal of Remote Sensing and GIS*）上。标题为《遥感、GIS 和 GPS 在受无人机保护的城市环境中的可能应用：安全、安保和隐私》（Possible applications of remote sensing, GIS and GPS in drone-protected urban environments: safety, security and privacy）。2017 年 11 月，美国国家航空航天局发表了一篇文章，讨论了关注城市天空中自动驾驶汽车的必要性。随后，他们将城市空中运输（UAM）的概念定义为：

> 一个安全高效的城市地区航空客运和货运系统，包括小包裹递送和其他城市无人驾驶飞机系统（UAS）服务，支持机载 / 地面驾驶和越来越自主的操作，称为城市空中运输（NASA, 2017）。

7.3.2 无人机的定义、技术与进化

无人机被定义为遥控、无人驾驶的飞行器，拥有不同的系统，包括传感器、软件、人工智能和算法、电机 / 执行器、处理单元、无线网络、存储器、能量管理和存储等，并根据其使用情况配备摄像头、支架或其他特定部件（Minaei, 2022）。

基于所需的功能——例如空中监视、运输、遥感、科学研究、导航、材料、通信技术及其在紧急需求下的可用性——已经出现了各种新设计，从极小的纳米无人机到飞机大小的无人机（Schlag, 2013）。例如，Wasp 是一种鸟类大小的小型设备，用于监控特定情况并寻找是否存在隐藏危险。它可以在地面上方 100 英尺处飞行，并进行实时视频直播（Finn, 2011b）。诺尔宰拉瓦提、阿利亚斯与阿克马（Norzailawati, Alias & Akma, 2016）在他们的论文中很好地阐述了无人机的演变及其年表。

一些无人机配备了嵌入式计算机系统，这意味着它们拥有芯片和控制器，某种形式的 GPS 或无线电技术，以及高分辨率的摄像机。这些系统使它们能够收集从图像、视频、音频到红外线和热图像，以及温度数据等各种类型的数据。它们还可以立即在线播放（Voss, 2013）。无人机的三个主要应用是侦察、监视和情报，无人机系统项目进展包括从"尚未测试"一直到"经战斗测试"，包括先锋（Pioneer）、猎人（Hunter）、捕食者（Predator）和全球鹰（Global Hawk）等（Gertler, 2012）。现有的技术类别有图像处理、射频、全球导航卫星系统 GNSS（GPS、GLONASS）、Wi-Fi、激光（最近的新技术）和 UWB（超宽频段）等。

术语"无人驾驶飞行器"（UAV）也用于无人机，意味着起飞后不需要人为操作。美国国家航空航天局（NASA, 2017）将无人机称为 UAS，或"无人机系统"，并将控制小型无人机交通的系统称为无人机系统交通管理（UAS Traffic Management）。其主要目标是确保所有飞行器都整合在一个空中交通系统中。UAS 是一个泛称，包括了无人机和从地面操纵它的团队。欧洲 RPAS 集团确立的"遥控飞机系统"（RPAS）也是 UAS 的一员（Voss, 2013）。无人机和遥控飞行器（RPV）是两种无人驾驶的 UAV，但只有无人机能够自主飞行（Haddal & Gertler, 2010）。

较小的无人机因其有效载荷较小而受到限制；软件自动化程度较低，对大气条件的敏感性较低；光谱分辨率较低；较差的几何和辐射性能；飞行耐力较短；更多维修；维护；援助和资金依赖；碰撞的可能性更高；安全问题和较少的安全、潜在的社会影响和道德问题等（Paneque-Galvez et al., 2014）。有一些型号似乎已经解决了所有这些问题，例如，被 Youtube 频道"Incredibles！"（2016）推荐为最好的无人机是大疆精灵 4（Parent DJI Phantom 4），因为它能够解决重量和平衡问题，并且其智能导航不依赖于卫星支持。它可以在完全控制的情况下飞行 5 千米，能够在捕捉摄像机完整视野的实时 720P 高清视频的同时，跟踪任何移动物体，因此可以通过识别障碍物来防止碰撞（DJI, 2017）。

2016 年，Yole Development 预测，包括超精密陀螺仪、3D 摄像头和固态激光雷达在内的一些技术将成为未来传感技术的关键组成部分，也是机器人和无人机公司的关键要素。Yole Development 分析师康布（Cambou, 2016）指出："超声波测距仪、接近传感器、惯性监测单元、磁性和光学编码器，当然还有紧凑型相机模块的技术都已准备就绪，只等由无人机和机器人制造商整合集成。"该公司开发了一些有意思的图表，名为"基于传感器和机器人技术的无人机行业之可能演变路线图"（the roadmap of possible evolutions in drone industry due to sensors and robot technology）。它简要介绍了无人机及其传感器的整个进化演变过程。

7.3.3　无人机的应用与机遇

无人机已经被应用在不同的目的上。在本节中，我们将回顾文献和行业新闻来找到大多数的应用场景。此评析将分为两类：机会和需关注的问题。无人机已经进入了许多试点项目，如医疗保健和包裹配送、仓库扫描，以及更多其他的应用，且每天都有新的应用或新技术加入这个清单，例如，不仅能飞行还能在水下运行的无人机。其中一项技术是卡拉塞克等人设计的无尾翼扑翼机器人（Karásek et al., 2018），名为 Delfly Nimble，可以像昆虫一样向任何方向移动，能够携带高达 29 克的载荷，并能在每小时 25 千米的速度下进行激烈的动作[①]。因为不需要任何控制面，它被预计将成为无人机的未来。

7.3.3.1 遥感与测绘

远程传感器可以检测远距离环境中的物理、化学和生物元素，因此，它们在军事和民用方面的潜力正在提升。无人机广泛用于监测城市环境、城市增长和贫民窟增长，包括城市扩张和城市地图绘制，监测城市植被、城市热岛和人口密度。虽然美国不允许企业将无人机用于商业目的，但作为一家私营公司，谷歌使用无人机来捕捉城市地图并建立 GPS 数据库，并用以开发每个地点的街景功能。

就当地范围内而言，无人机能够检测到城市中的光线变化和光污染。它们还可以识别空气中的微生物并检测大气中化学成分的变化（Schlag, 2013）。尽管越来越多的更高分辨率数据图像和更低价的无人机已经在被使用，其城市应用仍然很新。遥感无人机和公共无人机之间的区别在于各种传感器的分辨率和能力。公共无人机广泛用于摄影和娱乐，而遥感无人机配备了热成像、激光扫描、RGB摄影传感器、雷达、多光谱和超光谱成像等工具（Norzailawati, Alias & Akma, 2016）。这些无人机被运用于城市规划管理、农业、

---

① 如俯冲和空中打滚。——译者注

非法移民观察和犯罪监测，以及灾害管理和监视。从无人机图像中生成高分辨率的表面数字空间地图是其另一个最新的应用（Paneque-Galvez et al., 2014）。

7.3.3.2 运输、物流与配送

在运输和物流方面有两种类型的无人机。第一种类型是大型无人机，可以由单人乘坐操作；通常被称为自动驾驶飞行器（AAV）。例如，EHANG184 是一款智能环保飞行器，仅使用电力并在低空飞行，为中短距离的一人提供运输服务（EHANG, 2017），或是最近发表的在迪拜作为出租车服务的 AAV。

第二种类型是配送与物流无人机。在美国，互联网服务和零售业已经开始测试无人机配送。UPS、谷歌和亚马逊（Amazon，特指其 Prime 服务）等公司已经开始使用无人机来实现更快的产品配送。美国运输部部长安东尼·福克斯（Anthony Fox）表示，新的"裁决"可以减轻联邦航空管理局和运输部需要审查数千项雇用无人机的商业请求的压力（Vanian, 2016）。美国联邦航空管理局（FAA, 2020）对空中无人机数量的预测着实令人畏惧。航空航天预测（Aerospace Forecast）报告提到，根据观察到的趋势，在未来 5 年内，即在 2024 年前，无人机单位的数量将从目前的 132 万架猛增到约 148 万架。在最高增长的设想下，可能在未来 5 年内达到 159 万架。

瑞士邮政和 Matternet 查验了 70 个在城市地区的两家医院之间提供实验室样本的无人机班次。样品先被装入盒子，然后装在无人机上。Matternet 设计的在平台上进行载荷发送和接收的云系统能够实现自动的载货、起飞和无人机降落（Peters, 2017）。这些无人机配备了降落伞，因此如果在飞行过程中出现任何问题，它们可以安全地降落在地面上（Vanian, 2017）。

7.3.3.3 娱乐

摄影和录像是无人机的主要娱乐功能，因为它们可以在人类难以到达的地方捕捉瞬间和景色。用于大型或小型活动和仪式（如体育赛事甚至婚礼）的空中摄影的无人机已有所增加。小型无人机的第二个娱乐功能是视觉表演、艺术装置、节日中的空中展示，以及通过一组无人机在空中和谐同步表演并创作灯光秀的大型活动。它也被用于品牌推广，例如《时代周刊》（*TIME*）通过 958 架在空中飞行的发光无人机再现了其最新号的封面照片（Zhang, 2018）。近年来，摄影师和录像师纷纷提升他们的技能，通过驾驶无人机并将其驶入大自然以捕捉最令人惊叹的空中和水下景观。这一趋势一直在上升，并在电影制作人和电影业从业者中最为普遍。

7.3.3.4 监视与安全监测

联合国的非武装维和监视无人机于 2013 年在刚果和卢旺达启动，用以监视任务执行、识别敌对战斗人员，并提醒他们正在受到监视（Leetaru, 2015），以改善平民的保护，并使他们能够接触到处于危险中的弱势群体（Karlsrud & Rosén, 2013）。从 2006 年至 2011 年，美国在与加拿大的北部边境（4 121 英里）以及与墨西哥的南部边境（2 062 英里）上花费了约 1 亿美元，并配有超过 10 000 名边境巡逻人员用以创建一个虚拟围栏（Bolkcom, 2004）。使用无人机进行边境控制已帮助美国改善了偏远地区的边境覆盖（Haddal & Gertler, 2010），阻止了 4 000 名非法移民，并在一年内扣押了 15 000 磅大麻（Wall & Monahan, 2011）。包括华盛顿、阿拉巴马州、得克萨斯州、西雅图、加兹登和蒙哥马利在内的美国城市的当地执法部门主要购置小型无人机进行监视和侦察，但北达科他州也一直在使用它们作为逮捕协助工具（Schlag, 2013）。它们还为现有的环境保护挑战提供了可负担得起的准确响应，并促进了监控过程和执法，以防止未经授权的人员进行任何可疑活动，同时也能够帮助警察和保安等武装部队保护公共安全。一些人建议，无人机可以用于大规模集会的监测：由于其面临的后勤挑战，这通常会成为一个难题（LeDuc, 2015）。

各国对无人机有着不同的看法，例如肯尼亚已经禁止无人机（Kariuki, 2014）。在其他国家，如南非和印度有着相关法规，一些政府部门也计划使用无人机进行环境监测或监视。在美国和英国虽然有相关法规，但获得技术先进的无人机飞行需要许可，例如热像仪需要特别许可，并且非常难以取得（Sandbrook, 2015）。监控无人机的技术包括自动物体检测、GPS 监控和千兆像素摄像头（Schlag, 2013）。

7.3.3.5　灾害管理与城市复原力

搜索和救援已经成为无人机的常见应用，因为它们可以深入到对于大多数人来说过于危险的区域。它们拥有光学传感器、红外和高分辨率图像摄像机、合成孔径雷达和各种类型的天气传感器，以及车牌读取器和 GPS 设备，使人能够追踪其路线。在危险状况下使用无人机捕获实时事故视频十分有用，如火车脱轨、车祸、火灾或气体爆发和排查相关的事故。在灾后援助人员（如消防员）冒着生命危险进入事故区域之前，它们可以提供现场情况的直播（LeDuc, 2015）。微型无人机等产品可以检测化学工业中的气体泄漏并获得空气样本（Microdrones UAV, 2015），其价值在于能够提高安全性并防止灾难。

四轴飞行器已被德国救生员协会（the German Lifeguard Association）

用于消防和危机管理。它们配备了通过无人机支持的信息系统（Drone-Supported Information System, DSIS），可以快速提供火灾、洪水或失踪人员的现场概况描述（Microdrones, n.d.）。遥感无人机应用的一个很好的例子是 2011 年的福岛灾难，当时 RQ-4 全球鹰无人机被用来探测核反应堆的温度并在地震后观察其状况（Norzailawati, Alias & Akma, 2016）。

由无人机驱动的小型蜂窝网络（DSCN）能够被部署，以在发生灾害时其他通信网络无法工作时提供弹性通信网络（Hayajneh et al., 2016）。Facebook 的互联网无人机和谷歌的 Sky Bender 就是利用无人机为偏远地区提供互联网 5G 等通信服务的例子。联合国儿童基金会（UNICEF）在马拉维的人道主义无人机测试走廊（Humanitarian UAV Testing Corridor）促进了无人机在三个主要领域的应用测试：图像、连接和运输，以探索紧急情况下在艰苦地形上扩展手机信号或 Wi-Fi 的可能性（UNICEF, 2017）。

7.3.3.6 施工与监督

无人机为城市化提供的服务包括但不限于现场检查、测绘和基础设施评估，以及电网监测。在建筑工程中，无人机已被用于施工的所有四个阶段，这对于为建筑物构建建筑信息模型（Building Information Modelling, BIM）（Cherian, 2021）、施工前阶段的土地调查和文档建立非常有用，在某些情况下还可以精确概述包括不平坦地形或高风险区域在内的现场。在施工阶段，无人机通过录像和空中拍摄来记录项目进展。在施工后阶段，核查、捕捉立面或屋顶的热图像以及提供鸟瞰图像由无人机完成。在维护阶段，它们可以持续监控建筑物及其安全性。

7.3.3.7 自然保护与环境监测

无人机在自然保护中的应用通常分为两类：研究以及直接保护。根据帕内克-加尔韦斯等（Paneque-Galvez et al., 2014）的说法，小型无人机已被用于许多环境监测研究，包括生物多样性、栖息地监测、土壤特性、测绘，以及火灾、偷猎和农业监测。一些学术研究发现，无人机正在被应用于林业。帕内克-加尔韦斯等陈述了无人机首次用于热带森林的社区森林监测计划，并提出这种应用可以减少热带森林砍伐，并有助于减缓气候变化。克鲁普尼克与萨瑟兰提出使用无人机分撒种子恢复森林；但它目前主要用于执法部门对非法活动——如狩猎野生动物、砍伐森林——的监控，并定位肇事人员（Sandbrook, 2015）。而在生物碳工程（Biocarbon Engineering）的帮助下，缅甸的村民已经开始种植红树林，并在一天内种植 10 万棵树，以恢复当地的森林（Lofgren, 2017）。不过，非学术文献表明，木材公司和政府林业机构使用无人机记录树木生长 / 间隙图，预估其体积、评估风吹、监测害虫并为采伐做计划。监测林地等生物特征以及观察、计数并保护野生动物，为测量森林生物多样性和保护提供数据（Sandbrook, 2015; He, 2015）是已经由无人机完成的另一项重要任务。例如，作为野生动物保护工作的一部分，纳米比亚利用了线图测试仪 MicroMapper 拍摄了半干旱稀树草原的航空图像。该团队使用众包技术来识别图像中的野生动物，具体做法是通过将图像发送给远程志愿者团队，然后这些志愿者在分析无人机图像后会点击受损位置。点击量大表明需要无人机调查。其结果显示准确率为 87%（iRevolutions, 2014）。

7.3.3.8　急救与紧急医疗服务

接受医疗援助不及时是整个欧洲约 100 万人死于心脏病的主要原因；一个新的解决方案是开发四轴飞行器。它们是特殊的无人机，可在 1 分钟内飞行 12 平方千米。机内搭载呼叫器、GPS 追踪器和高分辨率摄像头，医生能够通过视频直播观察情况（Microdrones, n.d.）。无人机可以挽救生命，因为它们可以提供救生工具，如用于心搏骤停患者的 AED，或者用于治疗危及生命的过敏反应患者的肾上腺素自动注射器，或者用于创伤受害者的止血带（LeDuc, 2015）。加州理工学院的航空航天机器人控制中心（Aerospace Robotics Control）推出了一种新的"自动飞行救护车"，并且已经开始了一项关于自动空中城市交通系统所面临的挑战（challenges underlying autonomous aerial urban transportation systems）的研究计划（Chung & Gharib, 2019）。从长远来看，预计它将有更高的需求以及更多的商业和技术相关的应用，如医疗和急救应用。

7.3.4　当前的应用与担忧

新近自主机器人技术的进步和无人机的类型，可以识别、狩猎，并杀死所谓的敌人仅仅基于他们的软件计算，而不是经由人类指令（Finn, 2011a），这是最令人担忧的主要问题。无人机曾经主要用于军事目的，但随着技术的进步和更轻、更便宜型号的生产，它们的使用也扩大到民用（Schlag, 2013）。在第二次世界大战后，它们已被美国在越南、中国、科索沃、伊拉克以及最近的阿富汗等不同国家使用。美国国防部在 20 世纪 90 年代花费了 39 亿美元用于无人机研究（Gertler, 2012），以生产具有高效监视、成像和空中攻击能力的无人机（Schlag, 2013）。在 2013 年至 2016 年间，使用廉价的商用无人机将武器、毒品和手机运送到英国监狱的案件数量急剧增加（Drone Defence, 2017）。

7.3.4.1 负面经济影响

由于失业和新的收入分配，负面的经济影响已被预测（Clarke & Moses, 2014）。例如，目前经邮局工作人员完成的送货工作将因为亚马逊（Amazon Prime 服务）和谷歌而减少。美国有线电视新闻网（CNN）有一个无人机项目，并为该项目说服了美国联邦航空管理局，出于安全原因，需要让无人机在人们头顶上空飞行（Vanian, 2016）。载人飞机和无人机之间的成本效益分析与比较相对复杂；无人机的生命周期成本可能要高于载人飞机（Haddal & Gertler, 2010），因为其事故风险更高，更不用说其数据收集和专业数据分析上的成本。

7.3.4.2 安全性

一般来说，由于尺寸较小，无人机被认为和有人驾驶飞机相比，对操纵者和地面人员都要更加安全（Jones, Pearlstine & Percival, 2006）。然而，军事研究和在战场环境中的无人机使用经验表明，无人机的事故率要更高（Haddal & Gertler, 2010; Finn, 2011a）。有些人认为无人机是对人和财产的威胁。卡尔（Carr, 2013）提出了将无人机引入城市天空的三个主要安全问题：系统可靠性，潜在的空中和地面碰撞，因为它们与载人车辆有系统上的不同，以及缺乏检测其他无人机的接近以避免碰撞的能力。如果在人口稠密的地区发生相撞，人们很有可能会受到致命伤害。根据美国法律规定，无人机必须受到控制，并且适航无人机必须在美国联邦航空管理局或国防部注册，以确保其不会对人们的安全构成威胁。

控制的过程主要与无人机的物理方面相关。由于无人机是无人驾驶的，因此它们更容易发生碰撞，并可能会造成人员伤害，特别在它们有旋转机翼而不是固定机翼的情况下（Sandbrook, 2015）。而有些无人机被预先计划设置为在感知到任何问题时返回其出发地点。汉弗莱斯建议所有无人机都应该配备反仿冒技术，以防止它们被黑客入侵（Carr, 2013）。

7.3.4.3　隐私与安全保障

根据《欧洲人权公约》第 8 条，"人人有权享有对其私人和家庭生活、住宅和信件的隐私，公共当局不得干涉这项权利的行使"（Council of Europe, 1950; Voss, 2013）。由于大多数无人机都配备了高分辨率的摄像头和传感器，因此被看到或录像的概率增加，可能意味着对私人生活或行动自由的威胁（Clarke & Moses, 2014），随之可能会对被监控拍到，或是认为有无人机正在收集关于其自身各种证据的个人产生负面的心理影响。由于无人机通常很小，可以在不被个人注意到的情况下在更高的高度飞行（Schlag, 2013），因此人们对于其侵犯隐私的担忧非常严重。每个国家都有关于个人隐私和权利的修正案，但新技术的出现似乎打破了这些边界。这里已经确定了的主要问题是，为了防止碰撞，已经定义了 400 英尺的最大飞行高度，但最低飞行高度尚未被标记，这意味着无人机可以在城市的天空上空飞得很低，并且可以捕捉与隐私法相冲突的私人数据。

如今，安全保障的概念可以通过技术设备来实现，这些设备主要收集公民的视觉情报（Feldman, 1997；Wall, 2013）。收集的情报可能包括生物识别技术捕捉到的光学数据、身体扫描、面部识别系统，以及对手机、智能卡和计算机上的追踪设备的监视（Wall,

2013）。这难道不是智慧城市居民最关心的问题吗？

7.3.4.4　环境负担

无人机通常被认为是环保的，因为它们只消耗电力，而不会污染空气（He, 2015）。无人机的噪声排放和对当地生态——特别是对鸟类的影响——被认为是它们的主要问题（Kunze, 2016）。当然，这可能取决于无人机的类型（能源使用、碳足迹、环境负担）和应用（邮政递送、购物、医疗运送等），以及它们在每次飞行中覆盖的距离或面积。值得思考的重要一点是，所有这些设备都使用能源，它们装有电池，由各种原材料制成，需要使用资源，这意味着它们最终会变成废弃物，并增加不可回收的固体废弃物，这不利于可持续发展。

荷兰的一个警察部门开始培训鸟类驯养人员与老鹰一起工作，训练它们捕捉飞行中的无人机，这是他们希望的一个很好的环保解决方案，既能有效捕捉无人机，又不会对人类和牲畜造成任何威胁和攻击。来自不同国家的国际执法和军事人员参加了这些培训课程（Guard From Above, 2017）。然而，后来他们不得不停止该训练，主要原因有两个：来自动物保护主义者的投诉，以及意识到鸟类并没有按照预期的那样做，而且训练它们的成本非常高（Ong, 2017）。

7.3.4.5　无人机武器化与反无人机技术

无人机武器化已成为联邦和州政府提案的另一个重点领域，这些提案将"为无人机配备武器"等特定技术能力列为禁止范围（Schlag, 2013）。美国空军一直在伊拉克、阿富汗、也门和索马里等地使用不同型号的无人机，如捕食者（Predator）和收割者（Reaper）。2009 年，他们首次意识到其视频传输被使用了一个 26

美元名为 SkyGrabber 的软件程序拦截（Gorman et al., 2009）。如果拦截并入侵无人机如此容易，那么确保它们在恐怖袭击中不会受到攻击或在公共场所不会坠落，就变得更加关键。许多思想家认为无人机是暴力的手段，并担心暴力成为一个共同延伸的过程（Overington & Phan, 2016），或称之为"远程控制的远距离杀伤技术"，这为士兵提供了从安全的地方远程收集军事情报、寻找目标并向疑似敌人开火的机会（Wall & Monahan, 2011）。由于无人机驾驶软件与视频游戏的相似性，士兵会与现实脱节（Gregory, 2011），因此射击频率升高的概率正在上升。

由于商用无人机系统被认为对政府机构有危险，政府官员正将这些无人机击落，但这不仅不安全，而且确实是非法的。因此，为了最大限度地减少风险，需要控制和防御无人机飞越的区域，这促使许多公司开始开发反无人机技术或无人机防御系统。这些系统主要由军方使用，用于在行动中立即压制无人机，同时确保对无人机造成的损害最小、对公众产生的风险最低。诸如 13 架 3D 打印的木制 / 塑料无人机携带炸弹袭击俄罗斯空军基地（Hambling 2011）等事件表明，随着 3D 技术的进步，确保我们城市天空的安全对人们来说是当务之急。

7.3.5　现行规章制度

2012 年，美国联邦航空管理局颁布了《联邦航空管理局现代化和改革法案》(the FAA Modernization and Reform Act)，并对立法进行了一些额外的修正，包括无人机禁飞区、所有消费者和商用无人机的强制性注册以及 0.55 磅和 55 磅的无人机重量规定（Blee, 2016）。FAA（2016c）规定的小型无人驾驶飞机的操作限制，其中与城市空间相关的主要操作限制包括：重量（应小于 25

千克）、保持在目视视距范围内（VLOS）、仅限日光下操作（在日出前 30 分钟和日落后 30 分钟的时间内）、最大地面速度为 160 千米 / 小时而在高海拔地区可至 460 千米 / 小时，以及最高飞行高度为 400 英尺或 122 米［相对于地面高度（AGL）］。施拉克（Schlag, 2013）提出制定一个消费者权益保护法基准，从而在 FAA 内部建立消费者保护机构，而这些机构只负责实施和监督法律的遵守情况。

美国联邦航空管理局目前的主要安全指导方针是了解空域限制，在 400 英尺或以下飞行，并保持与周围障碍物的距离，同时保持无人机在视线范围内。"此外，无人机不应该靠近其他飞机（机场）、人群、体育场馆或体育赛事，不应该靠近火灾等应急响应设施飞行，也不应该在毒品或酒精的影响下飞行"（FAA, 2016）。

对无人机有许可证的规定。自 2015 年 2 月以来，美国联邦航空管理局已经制定了相关规定。还有一份由美国商务部、国家电信和信息管理局（Department of Commerce, National Telecommunications and Information Administration, NITA）（FAA, 2016）支持的《无人机隐私、透明度和问责制的自愿最佳实践》（Voluntary Best Practices for UAS Privacy, Transparency, and Accountability）文件。根据考尔菲尔德（Caulfield, 2017）的说法，85%—90% 的无人机运营商未获得 FAA 的认证，并没有根据该机构的第 107 部分规定配备法律责任保险。根据美国联邦航空管理局的新规定，操作员不再需要获得远程无人机操作员的认证，只需通过考试和背景调查即可；而出现更多不专业的操作员的风险因此增加，并可能会导致更多的事故。遗憾的是，大多数关于无人机操作最佳实践的建议都集中在了飞行体验和高质量图像上。例如，拉斯维加斯的欧特克大学（Autodesk University）的虚拟设计协调员科尔与克里奇（Cole & Creech）建议运营商在尽可能低的高度飞行无人机，以获得最佳质量的图像（Caulfield, 2017），但这不应该发生在城市中，不然会将人们置于危险之中。在美国，超过 700 英尺的空域受到了联邦政府的限制。商用无人机公司不能在 30—700 英尺（91—213 米）的空间内飞行它们的无人机，但业余爱好者却可以自由飞行（Sipus, 2016），这使得情况变得更糟，因为业余爱好者撞毁廉价无人机的概率要高于拥有受过专业训练飞行员的商业公司。

英国政府最近批准了《无人机守则》（Dronecode）（BBC, 2016），其中包括了在城市地区飞行无人机的规则：

（1）没有驾驶员操纵的无人机不能飞行。

（2）无人机的驾驶员距离无人机不得超过 500 米，无人机必须始终可见。

（3）不得在人群或拥挤地区上空飞行无人机；具体而言，不得在人员、建筑物和车辆 50 米范围内飞行。

（4）无人机的飞行高度不得低于 122 米。

这是与在城市中飞行无人机相关的第一套明确规则。它考虑到各种建筑高度，限制了无人机可以飞行的区域。由于需要实时测量距离，并保持在头顶上空 50 米以上的高度，但不得低于地面 122 米，除非无人机配备了雷达传感器，否则由驾驶员计算这些距离可能很困难。

目前，最近、最新的在这方面的努力是由欧洲智慧城市创新伙伴关系（European Innovation Partnership on Smart Cities）（European Commission, 2018）领导的欧盟都市空中运输项目（EU Urban Air Mobility Project），该项目与英国和欧洲的 17 个城市合作进行了空中交通和空中服务的试点，目的是将市民纳入作为智慧城市的主要用户。

7.4 结果与探讨

7.4.1 对现有解决方案的回顾与分析

大多数无人机应用在前一节中进行了全面的描述。此回顾采用了面向未来技术分析方法（FTA），以了解该技术及其不同的应用、发展过程及其可能的未来发展。表7.1简要介绍了其应用和需要关注的问题。

本章的主要目的是识别解决方案，以保护我们的城市和公民免受无人机等飞行物体可能造成的安全威胁。当然，安保公司、军事公司和一些工业公司都选择了使用技术来对抗入侵的无人机。通过回顾这些公司提出或实际使用了的解决方案，我识别出五个主要类别，包括：

（1）无人机防御（Drone Defence），用于探测、跟踪和狩猎无人机；

（2）无人机屏蔽护盾，用于保护建筑物周围的特定区域；

表7.1　无人机的应用和关注点

当前应用	关　注　点
• 施工与监督 • 灾害管理 • 遥感与测绘 • 监测城市增长和城市扩张 • 自然保护与环境监测 • 植物授粉 • 急救与紧急医疗服务 • 监视与安全监测 • 娱乐 • 运输、物流与配送 • 防御与保护	• 公民在城市环境中的安全 • 负面的经济影响 • 隐私与安全保障 • 环境负担 • 无人机武器化与反无人机技术 • 作为战区的城市 • 能源消耗（电力） • 危险废弃物（无人机锂电池） • 爆炸性火灾和有毒气体

资料来源：作者。

（3）城市空中交通系统，包括城市天际线、无人机枢纽和智能网络；

（4）城市无人机分区或无人机禁飞区；

（5）通过在人们的头顶上方安装诸如网状结构之类的基础设施来为公共场所提供无人机防护。

表7.2列举了这些技术的名称和规格来解释说明每个类别的不同示例。

表7.2　现有的提案或已实施的解决方案分类

类　型	示例与案例研究
1. 无人机防御	美国陆军国防高级研究计划局（DARPA）的移动部队保护计划（Mobile Force Protection Program）（Best, 2017）中使用了各种解决方案，包括霰弹枪、狙击步枪、迷你火箭、水炮和激光，以阻止ISIS发射杀人无人机（自杀式炸弹袭击者）。
	格雷戈里（Gregory, 2011）预测，"通过使用兆像素传感器和刷新时间为每秒15帧的高分辨率图像，广域监能够被加强"；ARFUS-IS系统可以通过使用多个网络创建"生活模式"来跟踪个人与移动物体，这显然是一种智能活动和反隐私系统。
	一家名为Battelle的公司（2017）生产了一种手持系统，可以检测和跟踪无人机，该系统可以发射一个集中的能量锥体，以破坏无人机的远程控制信号和GPS接收，并安全地将其击落。天墙（Skywall, 2017）用网捕获无人机，并用降落伞将其安全降落，以最大限度地减少任何附带损害。它结合了以压缩气体为动力的智能发射器和智能可编程抛射物。
	荷兰的警察部门开始培训鸟类驯养员与老鹰合作，训练它们捕获飞行无人机，但后来他们宣布没有达到预期的效果，因此停止了该计划（Ong, 2017）。
	另一家使用无人机-网系统（drone-net systems）的公司是Theissuav（2016）。Excipio是一种非电子、非破坏性的反无人机系统，它使用了独特的拦截和无效化系统。该系统与前者的不同之处在于，它使用无人机来对抗无人机，而不是手持防御设备，且它使用的网络不仅可以捕获无人机，还可以捕获动物和人类。
	有一些精密的电子系统可以识别正在靠近的无人机，并根据控制信号确定需要控制机动的位置。随后由安全部队决定并停止其行动

（续表）

类　型	示例与案例研究
2. 保护特定区域的 DroneShield（圆顶状的无人机屏蔽护盾）	无人机防御（Drone Defence, 2017）通过物理捕捉、电子干扰、无人机禁飞区、无人机探测和无人机防御者，来保护基础设施和财产。它可以安装最新的被动无人机检测技术，该技术可以全天候 24 小时"监听"无人机在飞行中发射的无线电频率，最远可达 1 千米。
	德国电信集团（The German Telekom Group）曾在寻求与空中客车（Airbus）、罗德与施瓦茨（Rohde & Schwarz）、Dedrone 等正在开发此类系统的供应商合作（Ingeniure.de, 2016）。
	无人机防护（DroneProtect）是 Quantum Aviation 有限公司的一种态势感知系统，用于检测、警报和跟踪无人机威胁，并将警报推送到任何远程智能设备、笔记本电脑或个人电脑（Quantum Aviation Ltd., 2016）。它结合了无线电、Wi-Fi 信号检测、光电摄像机和雷达。它检测模拟和数字控制信号，包括加密系统。
	空中客车防务与航天公司（Airbus Defence and Space）开发了一种反 UAV 系统，可以检测远距离无人机（UAVs）在关键区域的非法入侵，并提供电子干扰，以最大限度地降低附带损害的风险（Ball, 2016）。
	英国国防公司 Selex ES 的猎鹰盾（Falcon Shield）系统是一种电磁屏蔽系统，旨在击败商用无人机（SPUTNIC, 2015）。猎鹰盾系统可以扩展，为任何规模的地点提供保护——从一小群人到车队，再到大规模的关键基础设施或军事基地。
	无人机盾牌（DroneShield）可以检测、分析并确定警报和响应。它具有图形用户界面（GUI），可编译并分析大量环境数据以高效地向用户展示，以缩短反应时间。它有一个早期预警系统，可以实时远程访问产品（DroneShield, 2018）
3. 都市空中交通系统	中国天津的走廊建模：城市结构，走廊表征城市上方的管道（Schatten, 2015）。
	阿尔卡拉大学萨乌尔·阿尤里亚·费尔南德斯（Saúl Ajuria Fernández）的城市无人机中心（Malone, 2016）是一个太阳能无人机枢纽，外墙上有球形机库，其内部有供无人机进出的物流中心。
	欧洲智慧城市创新伙伴关系（the European Innovation Partnership on Smart Cities, EIP-SCC）中的欧盟城市空中交通（European Commission, 2018），率先采用以城市为中心、以公民为导向的方法，将城市和地区的声音放在最前沿，以便在我们的城市和郊区引入空中交通和空中服务，例如"城市航空公司"。

类　型	示例与案例研究
3. 都市空中交通系统	几个携带传感器的无人机组成一个网络，为城市环境中所有低空飞行的无人机提供广域监视。DARPA 设想了一个监视节点网络，每个节点覆盖一个社区大小的城市区域，可能安装在系绳的（连接电源）或长续航的无人机上。传感器可以在建筑物上空和建筑物之间监视，即使飞行器在拐角处或物体后面消失，监视节点将保持无人机的轨迹（Kurzweil Network, 2016）。
	智慧城市混合城市导航（Moran, Gilmore & Shorten, 2017）结合了多种类型的传感 UWB 和 FRID（超宽带和射频识别），以提高准确性和功率可靠性，从而降低无人机低功耗/电池的风险
4. 城市分区（无人机禁飞区）	禁止在该市使用无人机（在伊利诺伊州埃文斯顿有 2 年内禁止使用无人机的案例）或在限制时间内禁止使用无人机（Sipus, 2014）是其中几个例子。在美国，只有佛罗里达州、伊利诺伊州、蒙大拿州、田纳西州和弗吉尼亚州这五个州限制无人机的使用，仅用于执法。
	西普斯（Sipus）建议为无人机使用交通信号灯颜色，在第三维（垂直）中，这意味着每个建筑物都有一个体量，可以进行颜色编码，这样无人机就能知道什么地方不能飞。绿色可以代表许可，黄色表示基于日期和时间进行限制的区域，而红色代表所有时间禁止的区域（Sipus, 2014）。这可能成为一种选择，因为大多数城市都在使用地理信息系统（GIS）将城市地图数字化，为无人机添加另一层数据并不难；虽然这会使得城市管理和城市空域变得更加复杂，因为要有监控无人机是否遵从颜色编码区域的机制，且如果它们进入禁区，必须有解决方案来防止其入侵。
	布利（Blee）建议建立一个交互式地理数据库和网络地理信息系统地图，记录适当和不适当的无人机使用区域，使无人机用户了解无人机禁飞区域，并帮助决策者可视化无人机可以或不能飞行的区域。他讨论了如何改进这个网络地图——如果有更广泛的受众参与，可以提高人们的认识。让公众和无人机用户了解无人机允许区域或禁飞区域，并不能保证这些区域中无人机的飞行。一些组织已经为无人机开发和设计了可以在手机上访问的地图应用程序，例如 Apple 的 iOS 操作系统、FAA 的 B4UFLY、Analytica 的 Hover 和 AIRMAP（Blee, 2016）

（续表）

类　型	示例与案例研究
5. 公共环境的防无人机处理	由阿舍·J. 科恩（Kohn, 2012）提出的名叫 Shura 的防无人机处理社区由这些部分组成：建筑物、窗户、屋顶、尖顶塔和"Badgirs"（阿拉伯语中的"风塔"）。 建筑师可以开发防无人机结构来保护城市空间。建筑物总会去适应填补法律留下的裂缝，以保护平民。 马德里国家戏剧艺术中心名为"地狱"（Inferno）的布景装置是一个很好的例子，它展示了如何通过网状物等物理材料保护城市天空，但同时它肯定会限制自然空气流通，并限制室外和室内的阳光和光线

资料来源：作者。

7.4.2　作者提出的确保城市环境空域安全的解决方案

我们提出的解决方案可以分为四类，其中前三类可用于所有城市，无论其是否拥有智能基础设施，其中包括了规章制度、飞行物体的内置技术解决方案以及与飞行物体关联的城市规划和分区。最后一组是智慧城市基础设施的一种形式，只能通过应用智能解决方案在智慧城市或未来的智慧城市中发挥作用。图 7.1 展示了四种不同类型的解决方案，可以混合和匹配，以确保我们的天空安全。

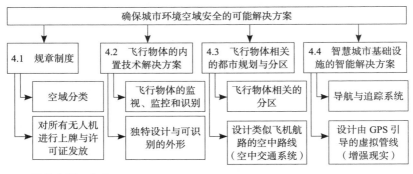

资料来源：作者。

图7.1　确保城市环境空域安全的可能解决方案

下文中将使用真实的现有技术和规则解释每种类型，来证明以可负担得起的方式修改某些政策，或在生产线上应用小的更改产生大的成果的可能性。

7.4.2.1 规章制度：空域分类以及上牌

无人机即使在天空中飞行时也有能对其进行识别的方法，这似乎是合理的。指定特殊的外形、牌照和标准尺寸可以帮助识别，但这取决于制造商遵循的指导准则。与汽车一样，无人机也可以配有显示其唯一识别号码的车牌号，以从 A 到 G 的字母开头，来代表其"空域分类"。用 FAA（2018）的空域分类（参见图 7.2）作为无人机车牌号码中使用的代码，可以更轻松地识别天空中的非法行为。

在智慧城市中，安装在智能灯具中的摄像头可以监控这些类型的移动并识别非法无人机。人工智能和机器人技术进步非常迅速，而在机器人中使用的硬件可能对未来的发展和任务用处不大；因此，我们建议使用基于云的机器人技术，根据其类型、大小和功能对无人机进行实时对象识别。当然，例如 C2RO 之类的机器人（Khanbeigi, 2017）可以通过飞行并识别飞行物体以及基于其牌照号

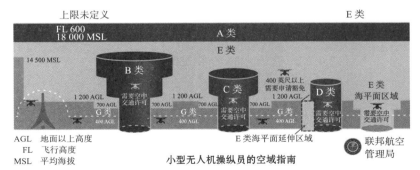

图7.2 空域分类

资料来源：美国联邦航空管理局（2018）。《空域入门——空中的规则》《小型无人机操纵员的空域指南》，已授予许可。

的权限来优化空域治安维持。如果飞行物违反了规定，机器人可以使用其技术进行报告、发送警告或采取行动。

汉考克（Hancock）建议将驾驶员分为三组：初学者、精通者和专家。没有执照的初学者只能在开阔场地中操纵无人机。"精通者"持有执照，可以进入人烟稀少的城市地区。专家持有执照，也可以在公共活动中操纵无人机（Sipus, 2014）。如果在这些区域周围有一个明确的边界，例如，初学者不会将开放场地与开放的公共空间混淆，这才可能是有用的。

美国联邦航空管理局航空图表用户指南（The FAA Aeronautical Chart User's Guide）于 2013 年发布，其中包含 86 页的标志、图表和代码，无人机飞行员需要记住这些代码才能够阅读 2D 地图，然后要尝试在三维空间中想象，以操纵他们的无人机。人们可能会忘记地图上的某个标志或密钥，因此一些轻微的错误都可能会导致无人机坠毁。思考出一个安全机制或在飞行控制器面板中可以看到可视化的 3D 空间平台似乎比较合理，这样在查看控制器面板时，可以立即读取并理解无人机的飞行位置。例如，驾驶员不应该在 A 类空域中操纵无人机，并且将对 A 类空域的具体说明纳入控制区域中而不是地图上（FAA, 2013: 9）。

7.4.2.2 飞行物体的内置技术解决方案：
监视、监控、识别与不同形态的设计

通过重新设计无人机，让它们与主要由军方使用的捕食者和收割者无人机外形产生更大的区别（Overington & Phan, 2016），可以帮助我们识别无人机的类型。尤其是，商用无人机使用的便宜材料和灵活的设计有助于我们将它们与军事无人机区分开来。由于不是所有无人机都内置 GPS，因此建议未来的无人机配备 GPS 或其他

导航/定位系统，以便于能够监控无人机并识别未经授权的机器。如果所有无人机都配备了 GPS 追踪器，那么监控它们在城市地区的移动并在出现问题时进行追踪将更加可行。尽管由于信号衰减、大气和环境条件、建筑物阴影、靠近高层建筑物和卫星位置等因素而导致的 GPS 误差会影响 GPS 在城市环境中的准确性（Moran et al., 2017），并且不准确性会使其速度下降，但 GPS 仍然可以用于除时间要求严格的（例如紧急服务）应用之外的情况。现在的问题是，是否有可能将内置 GPS 的无人机保持在特定的隧道、走廊或空中街道里，让它们只能通过指定的路线飞行？这引出了以下的拟议解决方案 7.6.2.3（空中分区与飞行线路分配）和 7.6.2.4（确保飞行物体沿预定航线飞行的智能技术解决方案）①。在空中设计路线或创建虚拟管道，并引导飞行员在其中驾驶无人机，是需要严肃思考的可能场景。

7.4.2.3　飞行物的城市规划和分区以及空中航线的设计

2016 年，米歇尔·苏提卡·西普斯（Mitchell Sutika Sipus）发表了一篇题为《为无人机设计的城市土地利用规划分区》（Zoning Urban Land Use Planning for Drones）的文章，并以芝加哥为例，图解说明了 3D 空间的概念。他建议将 3D 空域和时间限制以数字技术的形式嵌入无人机的操作系统，使用户更容易操纵飞行。他还建议在 GPS 中添加一个协议，将位置连接到中央服务器，以便及时输入速度和高度限制。

由于使用无人机存在的隐私和安全问题，国际的和当地的执

---

① 原书中这一章到 7.5 就结束了，并没有 7.6 以后的标题和内容。其标示的内容应该是下面紧接的 7.4.2.3 和 7.4.2.4。原书这里的序号标注有误。——译者注

法部门已经尝试通过遥感技术创建无人机缓冲区（Norzailawati,
Alias & Akma, 2016）。相关条例由两个方面组成：物理特性和营运
地域。各国选择了不同的政策，从在特定领域——如机场或监狱等
战略重要环境中——禁止无人机，到注册和发放无人机许可证，并
随之规定一些限制，如最大高度、重量或使用目的等。在日本，重
量超过200克的无人机不能在距离地面150米的密集住宅区上方
飞行（Otake, 2015）。东京的这一努力是为了在大都市地区实施禁
飞区，并且都市警察对不受欢迎的飞行无人机进行了干扰处理。在
美国，美国联邦航空管理局允许业余爱好者的无人机使用，但商
业使用是非法的（Norzailawati, Alias & Akma, 2016）。此外，30
英尺以下的空域属于个人财产，而700英尺以上的空域则被禁止
飞行。

7.4.2.4 城市基础设施的智能解决方案：导航、跟踪系统以及 由 GPS 引导的虚拟行驶管道设计

垂直空间应配备操作能力，通过利用现有和新的技术，如警察
无人机、建筑物中的物联网传感器和高层建筑中的闭路电视，来进
行更好的监控（Rahman, 2017）。在那些安装了智能照明系统的智
能城市中，可以从"智能警务"等新技术中受益；其他城市需要考
虑智能、安保和监控技术来监控不同高度的公共场所；在下一阶
段，开发"垂直警务策略"将成为可能。

莫兰等（Moran et al., 2017）建议将两种类型的传感相结合：基
于超宽带的系统和基于无源射频识别（FRID）的系统相应地运用于
密集覆盖和稀疏覆盖，以确保所需要的精度。他们还建议，由于汽
车使用寿命的 95% 左右都在原地停放，因此当其配备传感器时，可
以用作现有基础设施的一部分，成为服务平台并降低建设新基础设

施的成本。值得商榷的是，除非有一个基于位置的系统来控制汽车在整个城市的正常分布并防止停车场等焦点区域的车辆堆积，停车地点通常仅限于特定的目的地，如家庭、学校或工作和购物场所，尤其是在工作日中。正如莫兰所提到的，超宽带（UWB）依赖于电力，而在电力短缺的情况下 UWB 会被关闭，因此如果没有 RFID^① 等互补系统，它无法成为一个负责的解决方案。使用他们建议的系统，在始终保持安全性的同时，可以实现 13% 的准确率。

为了减轻现有交通基础设施和城市空间的压力，并避免我们城市的空域拥挤，也许可以采用瑞士 "Cargo sous terrains"（地下货载）（2016）的概念。比起使用无人机在人们头顶上方配送快递箱，该建议提出将货物运送进地下隧道，以确保更快的速度、更少的城市交通拥堵以及更安全的公共空间。孔泽（Kunze, 2016）指出，虽然此概念中的货物管线是隐形的，环境负担也较小，但从头开始建设这样的新基础设施（地下运输路线）需要巨额的投资。也许，对于智慧城市和更富裕的城市，埃隆·马斯克的无聊公司（The Boring Company）隧道可以用于汽车和小型无人机。

这些应用只是描述了无人机不能或不允许飞行的区域。问题是无人机用户是否意识到这一点或尊重"禁飞"区域。有什么机制来阻止无人机进入"禁飞区"或"禁无人机区"？FAA 已经制定了执法机构的立法，因为在无人机区域上空飞行的未经授权的低价无人机数量已经开始增加（2016）。无人机猎手能否更好地防止非法无人机在禁飞区上空飞行？

在城市中为所有飞行物体设置专用路线似乎合乎逻辑。这些路线可以是虚拟的管道或走廊，允许飞行物像在飞机航路或有类似驾

----

① 根据前文，应该是 FRID，原文有误。——译者注

驶限制和规定的街道中行驶一样在其中穿梭。大多数智慧城市已经开始在路灯杆上安装传感器节点，可以用来监控并跟踪无人机是否在传感器高度以下飞行。例如，圣地亚哥已在路灯上安装了 3 000 个传感器点，这是升级该市照明系统的 3 000 万美元计划的一部分，AT&T 公司为其进行数据连接的处理（Gagliordi, 2017）。俄亥俄州无人机中心（The Ohio UAS Center, 2019）与俄亥俄州立大学计划合作开展一个名为"33 智能移动走廊"的项目，利用被动雷达开发低空空中交通管理系统。

空间句法（Space Syntax, 2017）是另一种工具，可以集成到智能城市可用的数字基础设施中，包括智能灯，利用结构和环境信息可以在空间设计特定高度、路线和 24 h 时间的街道，以避免碰撞和隐私问题。它需要使用诸如地理信息系统（GIS）之类的平台，使其能够连接到其他城市规划人员能够获取的数据层，从而提高规划的效率。为了设计虚拟管道，为城市中的飞行物体提供可用的空域空间似乎是合理的。这可能将是另一个问题。并不是所有的城市都有地理信息系统地图，也不是所有城市的地理信息系统地图都是最新的，在其中增加另一个维度并识别树木以及其他城市用具的高度，对于城市来说可能是一个真正的挑战。也许为智能基础设施设计传感技术，使其能够识别虚拟管道的局限性是第一步。这可能会减少记录三维街道空间所需的预算。确保这一进程将自动完成的战略，以及保持最新的系统向市政当局报告所需的维护服务应该到位。修剪掉会干扰虚拟管道或空中路线的范围限度之上高度的树木、更换新的城市设施，以及可能占据天空空间的新高层建筑，这些可能是在城市中需要监控的例子。

7.5　结论

通过将无人机制造商、政策制定者和城市规划者统一起来，我们可以保护城市空间和天空。在无人机设计中运用一些简单但经过深思熟虑的改动，可以帮助城市——即使是非智慧城市——从安全可靠的公共空间中受益。对于智慧城市来说，诸如"基于图像处理的解决方案"之类的技术可以嵌入路灯摄像头或安保摄像头，用来识别无人机的牌照号码，查询其是否有许可在城市环境中飞行，并向监控或行动机构发送适当的指令。最重要的是，城市规划者应该在其地理信息系统数据库和交通管理系统中增加一种新的交通模式。在飞行出租车和配送无人机占据天空之前，应在考虑飞行路线和着陆地点的情况下，在城市内和城市间设计并实施空中交通管理系统。这是作者自 2016 年以来想要传达的主要信息，也是在国际会议上提出的问题。如果我们允许飞行出租车在客户所需的任何地方降落，那将会极其混乱。这些着陆点应该作为新的土地用途被添加至城市的总体规划中，并应与其他运输终端和站点相连，以连接至现有的运输系统。这可能意味着我们不能在没有适当规划的基础设施的情况下直接启动优步（Uber）的飞行出租车。

许多问题已经被提出，可以作为未来研究的起点，包括了：

> 我们是否应该要把交通带到城市空中？或者说现在已经太晚了，因为不同类型的飞行物已经出现在城市的天空中，我们别无选择。

在得知飞行为我们脆弱的地球贡献了最大量的碳足迹，并放大了气候变化的速度后，我们还会以如此惊人的速度去征服天空吗？

随着智慧可持续城市试图从街道中清除汽车，并为行人、自行车和公共交通分配更多空间以减少汽车产生的碳足迹，将他们头顶的空中空间变得不安全是否明智？

是否有可能为城市基础设施开发智能技术，例如为路灯中的无电池温度和摄像头传感器提供动力的环境"反向散射"无线电信号（Laylin, 2015），用来不断监测和感知无人机，或无人机是否超过了距离地面 122 米的高度阈值，并能立即采取行动安全捕获或禁用它？

如果像是没有 GPS 也能操纵的无人机（French, 2017）这样的技术被成功开发，那么可以采用哪些跟踪选项来寻找或捕获在未经授权的领空飞行的非法无人机？

参考文献

1. Airbus Group. "Sensor data fusion offers countermeasures against small drones." iConnect007, September 17, 2015. https://ein.iconnect007.com/index.php/article/92778/sen-sor-data-fusion-offers-countermeasures-against-small-drones/92781/?skin=ein.

2. Ball, M. "Airbus Defense and Space Announces New Counter-UAV System". Unmanned Technology Systems. 8 Jan 2016. https://www.unmannedsystemstechnology.com/2016/01/airbus-defense-and-space-announces-new-counter-uav-system.

3. Battelle. "Counter-UAS technologies." Battelle, May 23, 2017. https://www.battelle.org/government-offerings/national-security/aerospace-systems/counter-UAS-technologies.

4. BBC. "Drone' hits BA plane: Police investigate Heathrow incident." April 18, 2016. https://www.bbc.com/news/uk-36069002.

5. Best, S. "US military is working on a secret project to prevent ISIS from launching autonomous 'suicide drones'." March 23, 2017. http://www.dailymail. co.uk/sciencetech/article-4341616/US-Army-working-project-prevent-suicide-drones.html.

6. Blee, B. R. "Creating a geodatabase and web-GIS map to visualize drone legislation in the state of Maryland." PhD dissertation, University of Southern California. 2016.

7. Bolkcom, C. "Homeland security: Unmanned aerial vehicles and border surveillance." In Library of Congress, Washington DC. Congressional Research Service. 2004. Viewed 8th July 2017. https://eu-smartcities.eu/news/new-eu-drone-regulation-what-future-can-we-expect-our-cities.

8. Bommarito, S. "Domestic drones in America: 5 reasons the FBI should use drones, mic." July 11, 2012. https://www.mic.com/articles/10894/domestic-drones-in-america-5-reasons-the-fbi-should-use-drones.

9. Cagnin, C., Keenan, M., Johnston, R., Scapolo, F., and Barré, R. "Future-Oriented Technology Analysis: Strategic Intelligence for an Innovative Economy" VIII, pp. 170. Springer-Verlag. 2008.

10. Cargo sous terrain. n.d. "People overground: Goods underground." http://www.cargosousterrain.ch/de/en.html.

11. Carr, E. B. "Unmanned aerial vehicles: Examining the safety, security, privacy and regulatory issues of integration into US airspace." National Centre for Policy Analysis (NCPA). 2013. Retrieved on September 23, 2013: 2014. http://www.ncpathinktank.org/pdfs/sp-Drones-long-paper.pdf.

12. Caulfield, J. "Do's and don'ts for operating drones." Building Design + Construction, Drones, March 8, 2017. https://www.bdcnetwork.com/dos-and-donts-operating-drones.

13. Cherian, S. "Can drones be utilized in construction for creating accurate BIM models?" Advenser, last updated 2021. https://www.advenser.

com/2017/01/09/can-drones-be-utilized-in-construction-for-creating-accurate-bim-models.

14. Chung, S., and Gharib, M. "Overview." Aerospace robotics and control at caltech. 2019. https://aerospacerobotics.caltech.edu/urban-air-mobility-and-autonomous-flying-cars.

15. Clarke, R. and Moses, L. B. "The regulation of civilian drones' impacts on public safety." *Computer Law & Security Review* 30 (3): 263—285. 2014. Available at: http://www.rogerclarke.com/SOS/DronesPS.html.

16. Council of Europe. "Convention for the protection of human rights and fundamental freedoms." November 4, 1950. https://www.unhcr.org/4d93501a9.pdf.

17. Department of Transport. Canada Gazette, Part I, Volume 151, Number 28. "Regulations amending the Canadian aviation regulations (unmanned aircraft systems)." Government of Canada, May 26, 2021. https://gazette.gc.ca/rp-pr/p1/2017/2017-07-15/html/reg2-eng.html.

18. DJI. "Phantom 4, visionary intelligent, elevated imagination." DJI, March 15, 2017. https://www.dji.com/phantom-4.

19. Drone Defence. "Protecting property, homes, estates from unwanted drones." Drone Defence, July 21, 2017. http://www.dronedefence.co.uk/VIPHouses.

20. DroneDeploy. n.d. "Learn about the drone industry." DroneDeploy. https://www.dronedeploy.com/resources/?submissionGuid=0fc39597-b7aa-430a-a2ad-077b8b04a64a.

21. Drone Shield. "How droneshield works." December 5, 2018. https://www.droneshield. com/how-droneshield-works.

22. EHANG. "Autonomous aerial vehicle." EHANG, May 23, 2017. http://www.ehang.com/ehang184.

23. European Commission. "New EU drone regulation: What future can we expect for our cities?" Smart Cities Market Place, December 11, 2018, viewed 11th Dec. 2018. https://smart-cities-marketplace.ec.europa.eu/news-and-events/

news/2018/new-eu-drone-regulation-what-future-can-we-expect-our-citie.

24. FAA. "FAA aeronautical chart user's guide." 12th Edition. 2013. www. aeronav.faa.gov.

25. FAA. "DOT and FAA finalize rules for small unmanned aircraft systems." FAA. 2016a. https://www.faa.gov/news/press_releases/news_story.cfm? newsId=20515.

26. FAA. "Federal aviation administration releases 2016 to 2036 aerospace forecast." FAA. 2016b. https://www.faa.gov/news/updates/?newsId=85227.

27. FAA. "Summary of small unmanned aircraft rule (Part 107)." FAA. 2016c. https://www.faa. gov/news/press_releases/news_story.cfm?newsId=20515.

28. FAA. "Where to fly." FAA. 2017. https://www.faa.gov/uas/where_to_fly.

29. FAA. "Airspace 101: Rules of the sky." FAA. 2018. https://www.faa.gov/ uas/recreational_fli-ers/where_can_i_fly/airspace_101.

30. FAA. "FAA aerospace forecast: Fiscal years 2019—2039." FAA. 2019. https://www.faa.gov/data_research/aviation/aerospace_forecasts/media/FY2019-39_FAA_Aerospace_Forecast.pdf.

31. FAA. "FAA aerospace forecast: Fiscal years 2020—2040." FAA. 2020. https://www.faa.gov/data_research/aviation/aerospace_forecasts/media/FAA_ Aerospace_Forecasts_FY_2020-2040.pdf.

32. Finn, P. "A future for drones: Automated Killing." *Washington Post*, September 19 2011a. viewed 8th February 2017. http://www.washingtonpost.com/ national/national-security/a-future-for-drones-automated-killing/5/31/2012.

33. Finn, P. "Domestic use of aerial drones by law enforcement likely to prompt privacy debate." *Washington Post* 22, January 23, 2011b, viewed 8th February 2017. https://www.washingtonpost.com/wp-dyn/content/ article/2011/01/22/AR2011012204111_pf.html.

34. French, S. "Dr. Mozhdeh Shahbazi is helping drones fly without GPS." The Drone Girl, July10, 2017. https://thedronegirl.com/2017/07/14/mozhdeh-

shahbazi.

35. Galiordi, N. "GE, AT&T ink smart city deal around current's cityIQ sensors." ZDNet.com, February 27, 2017. www.zdnet.com/article/ge-at-t-ink-smart-city-deal-around-currents-cityiq-sensors.

36. Gertler, J. "US unmanned aerial systems." In Library of Congress, Washington, DC. Congressional Research Service. 2012. https://www.fas.org/sgp/crs/natsec/R42136.pdf.

37. Gorman, S., Dreazen, Y. J., and Cole, A. "Insurgents hack U.S. drones, $26 software is used to breach key weapons in Iraq." *The Wall Street Journal*, December 17, 2009.

38. Gregory, D. "From a view to a kill, drones and late modern war." *Theory Culture Society* 28 (7—8): 188—215, 2011.

39. Guard From Above. "Intercepting hostile drones." GuardFromAbove.com. 2017. http://guardfromabove.com.

40. Haddal, C. C., and Gertler, J. "Homeland security: Unmanned aerial vehicles and border surveillance." In Library of Congress, Washington, DC. Congressional Research Service. 2010. https://fas.org/sgp/crs/homesec/RS21698.pdf.

41. Halicka, Katarzyna. 2015. "Forward-looking planning of technology development." *Business, Management and Education* 13 (2): 308—320.

42. Halicka, K. "Innovative classification of methods of the future-oriented technology analysis." *Technological and Economic Development of Economy* 22 (4): 574—597, 2016.

43. Hambling, D. "A swarm of home-made drones has bombed a Russian airbase." New Scientist. 2011. https://www.newscientist.com/article/2158289-a-swarm-of-home-made-dr ones-has-bombed-a-russian-airbase.

44. Hayajneh, A. M., Zaidi, S. A. R., McLernon, D. C., and Ghogho, M. "Drone empowered small cellular disaster recovery networks for resilient smart

cities." In 2016 IEEE international conference on sensing, communication and networking (SECON Workshops), pp. 1—6. IEEE, London, UK. 2016.

45. He, Z. "External environment analysis of commercial-use drones." In *2015-1st International Symposium on Social Science*, pp. 315—318. Wuhan, China, Atlantis Press. 2015. http://toc.proceedings.com/26909webtoc.pdf.

46. Incredibles. "Top best drones available." online YouTube Video, March 2, 2016. https://www.youtube.com/watch?v=4tm12YI6FQ8.

47. Ingeniur.de. "Defense from spying: Telekom wants to protect companies from dangerous drones." Ingeniur.de, (Translated to English) November 7, 2016, http://www.ing-enieur.de/Fachbereiche/Mechatronik/Telekom-Unternehmen-gefaehrlichen-Drohnen-schuetzen.

48. Insider Intelligence. "Drone market outlook in 2021: industry growth trends, market stats and forecast." *Insider*, February 4, 2021. https://www.businessinsider.com/drone-industry-analysis-market-trends-growth-forecasts.

49. iRevolutions. "Piloting micromappers: Crowdsourcing the analysis of UAV imagery for disaster response." *Irevolutions*, September 9, 2014. https://irevolutions.org/2014/09/09/piloting-micromappers-in-namibia.

50. Jones, G. P., Pearlstine, L. G., and Percival, H. F. "An assessment of small unmanned aerial vehicles for wildlife research." *Wildlife society bulletin* 34 (3): 750—758. 2006.

51. JRC-IPTS, European Commission. "Morphological analysis & relevance trees." For-Learn. 2005—2007. https://forlearn.jrc.ec.europa.eu/guide/4_methodology/meth_morpho-analysis.html.

52. Karásek, M., Muijres, F. T., De Wagter, C., Remes, B. DW, and De Croon, G.C.H.E. "A tailless aerial robotic flapper reveals that flies use torque coupling in rapid banked turns." *Science* 361 (6407): 1089—1094, 2018.

53. Kariuki, J. "Government bans drone use to fight poaching in Ol Pejeta." Daily Nation. May 30, 2014. https://nation.africa/kenya/news/government-bans-

drone-use-to-fight-poaching-in-ol-pejeta-988850.

54. Karlsrud, J. and Rosén, F. "In the eye of the beholder? UN and the use of drones to protect civilians." *Stability: International Journal of Security & Development* 2 (2): Article 27, 1—10, 2013.

55. Khanbeigi, N. "Why cloud robotics?" C2RO, August 14, 2017. http://c2ro.com/why-cloud-robotics.

56. Kohn, A. "An architectural defense from drones, Shura city: An architectural defense from drones." 2012. http://www.documentcloud.org/documents/591975-an-architectural-defense-from-drones.html.

57. Kunze, O. "Replicators, ground drones and crowd logistics a vision of urban logistics in the year 2030." *Transportation Research Procedia* 19: 286—299. 2016.

58. Kurzweil. "DARPA's plan for total surveillance of low-flying drones over cities." Kurzweil Network, Accelerating Intelligence, September 16, 2016. http://www.kurz-weilai.net/darpas-plan-for-total-surveillance-of-low-flying-drones-over-cities.

59. Laylin, T. "Wi-Fi-powered electronics make Nikola Tesla's dream a reality." Inhabitat, December 8, 2015. https://inhabitat.com/video-nikola-teslas-dream-is-finally-a-reality-with-wi-fi-powered-electronics.

60. LeDuc, T. J. "Drones for EMS: 5 ways to use a UAV today." EMS1, December 16, 2015. https://www.ems1.com/ems-products/incident-management/articles/40860048-Drones-for-EMS-5-ways-to-use-a-UAV-today.

61. Leetaru, K. "How drones are changing humanitarian disaster response." *Forbes/Tech*, November 9, 2015. https://www.forbes.com/sites/kalevleetaru/2015/11/09/how-drones-are-changing-humanitarian-disaster-response/#62c2d832310c.

62. Lofgren, K. "Drones are planting an entire forest from the sky." Inhabitant-Green Design, Innovation, Architecture, Green Building, August 14,

2017. http://inhabitat. com/drones-are-planting-an-entire-forest-from-the-sky.

63. Lopez, E. "Drone rules may not be finalized until 2022." Smart Cities Dive, November 29, 2018. https://www.smartcitiesdive.com/news/drone-rules-FAA-delay/543164.

64. Malone, D. "Could this idea for an Urban Droneport facilitate the future of drone-based deliveries?" Building Design + Construction, Drones, December 7, 2016. https://www.bdcnetwork.com/could-idea-urban-droneport-facilitate-future-drone-based-deliveries.

65. Microdrones. n.d. "First Aid via drone /UAV, emergency service, medical support." Quadrocopter. https://www.microdrones.com/en/applications/growth-markets/first-aid-with-quadrocopters.

66. Microdrones UAV. "Microdrones UK, micro drone aerial photography, oil & gas inspection UAV/UAS." Microdrones UAV, December 3, 2015. http://www.microdrones.co.uk/oil-gas-inspection-uav-uas.html.

67. Minaei, N. "Critical review of smart agri-technology solutions for urban food growing." in Mottram (Ed.), Digital Agritechnology: Robotics and Systems for Agriculture and Livestock Production. Elsevier Publishers. 2022.

68. Moran, O., Gilmore, R., Ordóñez-Hurtado, R., and Shorten, R. "Hybrid urban navigation for smart cities." In IEEE 20th International Conference on Intelligent Transportation Systems (ITSC), pp. 1—6. 2017.

69. NASA. 2017. "NASA embraces urban air mobility, calls for market study." NASA: Aeronautics, November 7, 2017. Available at: https://www.nasa.gov/aero/nasa-embraces-urban-air-mobility.

70. Norzailawati, M. N., Alias, A., and Akma, R. S. "Designing zoning of remote sensing drones for urban applications: A review." International Archives of the Photogrammetry, Remote Sensing & Spatial Information Sciences 41, pp. 131—138. 2016.

71. Ohio UAS Center. "Strategic plan." Ohio UAS Center. 2019. https://

uas.ohio.gov/wps/wcm/connect/gov/89124299-ea58-40b8-a35a-f80c3347d03a/
UAS+Center+Strategic+Plan+2019.pdf?MOD=AJPERES&CACHEID=ROOTW
ORKSPACE.Z18_M1HGGIK0N0JO00QO9DDDDM3000-89124299-ea58-40b8-
a35a-f80c3347d03a-mVCutXe.

72. Ong, T. "Dutch police will stop using drone-hunting eagles since they weren't doing what they're told." December 12, 2017. https://www.theverge.com/2017/12/12/16767000/police-netherlands-eagles-rogue-drones.

73. Otake, T. "Japan to ground hobbyist drones in urban areas, impose sweeping restrictions elsewhere." *Japan Times*, December 9, 2015. https://www.japantimes.co.jp/news/2015/12/09/national/japan-ground-hobbyist-drones-urban-areas-impose-sweep-ing-restrictions-elsewhere.

74. Overington, C., and Phan, T. "Happiness from the skies, or a new death from above?# cokedrones in the city." *Somatechnics* 6 (1): 72—88. 2016.

75. Paneque-Gálvez, J., McCall, M. K., Napoletano, B. M., Wich, S. A., and Koh, L. P. "Small drones for community-based forest monitoring: An assessment of their feasibility and potential in tropical areas." *Forests* 5 (6): 1481—1507. 2014.

76. Peters, A. "Switzerland is getting a network of medical delivery drones." The Fast Company, September 20, 2017. https://www.fastcompany.com/40467761/switzerland-is-getting-a-network-of-medical-delivery-drones.

77. Quantum Aviation LTD. n.d. "Drone protect: Situational awareness systems to detect, alert and track drone threats." Quantum Aviation, viewed 21st July 2017. http://quantumavia-tion.co.uk/drone-protect.

78. Rahman, M. F. A. "Securing the vertical space of cities." *Today Online* 1. 2017. https://dr.ntu.edu.sg/handle/10220/42120.

79. RSIS Commentaries. n.d. Singapore: Nanyang Technological University. http://hdl.handle. net/10220/42120.

80. Sandbrook, C. "The social implications of using drones for biodiversity

conservation." Ambio 44 (4, Supplement 4): 636—647. 2015.

81. Schatten, M. "Multi-agent based traffic control of autonomous unmanned aerial vehicles." In Artificial Intelligence Laboratory. University of Zagreb. 2015.

82. Schlag, C. "The new privacy battle: How the expanding use of drones continues to erode our concept of privacy and privacy rights." *Pittsburgh Journal of Technology Law & Policy* 13 (2). 2013.

83. Sipus, M. "Zoning and urban land use planning for drones." Humanitarian Space, August 18, 2014. https://www.humanitarianspace.com/2014/08/zoning-and-urban-land-use-planning-for.html.

84. SkyWall. n.d. "SkyWall, capture drones, protect assets." https://openworksengineering.com/skywall.

85. Space Syntax. "Space syntax laboratory." The Bartlett School of Architecture. 2017. https://www.ucl.ac.uk/bartlett/architecture/research/space-syntax-laboratory.

86. SPUTNIC. "Anti-drone defense system that can fight micro-UAVs revealed in London." SPUTNICNews, TECH, September 15, 2015. https://sputniknews.com/science/201509161027051586-drone-shield-selex-uav-dsei/.

87. Theissuav. "Excipio aerial netting system." Theiss UAV Solutions. 2016. https://www.theissuav.com/counter-uas#excipio-aerial-netting-system.

88. UNICEF. "Africa's first humanitarian drone testing corridor launched in Malawi by Government and UNICEF." UNICEF Press, June 29, 2017. https://www.unicef.org/media/media_96560.html.

89. Vanian, J. "Here's why it's now easier for businesses to legally fly drones." *Fortune*, Tech, Aug 29, 2016. http://fortune.com/2016/08/29/faa-drone-ruling-businesses.

90. Vanian, J. "These Swiss hospitals are planning to deliver medical supplies by drone." In World Economic Forum, April 4, 2017. https://www.weforum.org/agenda/2017/04/switzerland-is-planning-to-deliver-medical-supplies-by-drone.

91. Voss, W. G. "Privacy law implications of the use of drones for security and jus-tice purposes." *International Journal of Liability and Scientific Enquiry* 6 (4): 171—192. 2013.

92. Wall, M. "Uber teams with NASA on 'Flying Car' project." Space.com, November 9, 2017. https://www.space.com/38722-uber-flying-cars-nasa-air-traffic-control.html.

93. Wall, T. "Unmanning the police manhunt: Vertical security as pacification." Socialist Studies. 2013. Available at: www.socialiststudies.com.

94. Wall, T., and Monahan, T. "Surveillance and violence from afar: The politics of drones and liminal security-scapes." *Theoretical Criminology* 15 (3): 239—254, 2011.

95. Yole Development. "Sensors and robots will share a common destiny." Yole Development. May 20, 2016. http://www.yole.fr/Drones_Robots_Roadmap.aspx.

96. Zhang, M. "TIME's latest cover photo is a drone photo of 958 drones." May 31, 2018. https://petapixel.com/2018/05/31/times-latest-cover-photo-is-a-drone-photo-of-958-drones.

结语

内金·米纳伊

大多数国家没有对有关排放和能源消耗的全面数据和统计数据进行收集，但是如果没有足够的数据，就减缓气候变化而做出适当的政策决策似乎是一项不可能的任务。智慧城市应该去运用技术，为城市建设智能和智慧的基础设施，帮助实现社会和环境的可持续性，且变得具有复原力，使城市能从气候变化的后果中恢复。但随着时间的推移，智慧城市概念的主要目标已经改变，变成了使用更多智能设备，如智能手机、可穿戴设备等，并更多依赖电力和互联网的智能社会。目前的所谓智慧城市似乎都与智能电网、大数据、物联网、人工智能（AI）和增强现实（AR）等相关，而我们对可持续发展方面或自下而上的参与式规划方法知之甚少。

一段时间以来，因为数据隐私的重要性，监控社会一直在受到律师和有意识的大众民的监督审视。大多数智慧城市计划（包括人行道实验室）面临公众抵制的原因之一，是公民可能面临的潜在隐私风险。疫情给我们的社会带来了猝不及防的压力。克莱因（Klein 2020）解释说，科技公司在接触跟踪程序、在线会议平台和在线学校的名义下，收集了更多数据而因此受益的机会，这将成为加速数据驱动的监控社会的下一个步伐。马贾努（Madianou 2020）解释说，为了抗击疫情，我们加速了对边缘化群体的数据收集，但在疫情后，他们觉得需要这些应用程序来确保自己的安全。她的类比似乎是正确的；疫情造成了一种紧迫感，并使得我们对更高速性能有需求，而这些如果没有人工智能的帮助将是不可能的。英国广播公司（BBC）新闻报道（2020），由于疫情的紧迫性，伦敦皇家马斯登医院（Royal Marsden Hospital）开始使用人工智能来帮助他们更快地识别肺癌患者。

但正如人类需要清洁的空气、干净的水和适当的食物一样，我们也需要一个干净的"电子"环境。如第五章中所述，我们的大多数智能设备都通过电磁场和无线电频率波不断地进行通信。许多研究已经警告了我们暴露于电磁场和射频辐射导致健康危害，包括神经精神病学、抑郁症、记忆丧失、耳痛、头晕、记忆问题、焦虑、睡眠问题等（Myers 2021；Pall 2016；Carpenter 2013；Bai & Zhang 2012；International Agency for Research on Cancer 2011；Hirsch 2011）。射频辐射对人体的影响可分为短期和长期两类；抑郁症、易怒、注意力不集中和记忆丧失等症状被称为"微波综合征"，之后被认同为"电超敏反应"（"electro-hypersensitivity"）（Carpenter 2013 p.162）。卡彭特回顾了许多科学研究，这些研究报告了暴露于电磁场（例如住在电源线附近的人）引起的健康问题。赫希（Hirsch 2011）批评加州科学技术委员会错误地估计了智能电表射频辐射对健康的影响。智能电表、传感器、Wi-Fi 和智能通信设备，会通过电磁场和全频谱无线电波污染人类的栖息地。Wi-Fi 使建筑物中所有居住者都暴露于计算机和基础设施天线的射频辐射中（Carpenter 2013）。暴露于多个网络和 Wi-Fi 源的累积影响可能会对人体产生影响。

城市应提供健康、规范的空间，以满足居民的需求。如果我们的家庭和城市通过配备不同的智能设备变得更加智能，这些设备不断通过互联网、Wi-Fi、宽带网络、电磁场和射频辐射进行通信，并面临各种健康问题带来的风险，那么，我们应该质疑创造这些危险却智能的空间的好处。随着超过 75% 的人口居住在城市，健康的城市已变得更加重要。如果这些新技术，无论是飞行汽车和无人机还是其他智能家电，在短期和长期内给我们的身体和社区带来了更多不必要的风险，我们是不是要想办法改进？

当从自然灾害到黑客入侵和攻击等各种原因造成的停电时，就能轻易关闭互联网、物联网和所有智能系统，我们依赖它们的意义又是什么？依赖任何用电力才能工作的东西可能并不是我们最明智的选择。如果我们使城市电气化了，但没有足够的资源来发电，城市将如何运作？毕竟太阳能电池板和风力涡轮机的生命周期有限，而用来生产更多太阳能光伏的关键矿物质正在耗尽。当洪水、飓风或野火等自然灾害有时会导致几天内无法获得电力时，我们的城市和建筑物又将如何为我们提供暖气、制冷、清洁的空气、水和食物让我们能生存下去呢？在第五章中解释的停电例子，应该启发我们更多地思考我们城市的修复力和可持续性。我们的后备计划应该是有一个备用的机械系统，完全由人类控制，这样在停电、黑客侵入、攻击或未来潜在的人工智能敌意的情况下，我们仍然可以获得最低限度的水、空气、食物和供暖来生存。城市的弹性应当是我们的首要任务，其次是可持续性，再其次是智能性。有弹性的城市基础设施应该是我们行动计划的重中之重，以确保我们能够管理未来的灾害并拥有自给自足的城市。

参考文献

Bai, Jin, and David Zhang. 2012. "Study on the radiation from smart meters." In 2012 IEEE International Symposium on Electromagnetic Compatibility, pp. 738—743. IEEE.

BBC News. 2020. "How AI is helping lung cancer patients in COVID-19 era." *BBC*, November 16, 2020. https://www.bbc.com/news/av/technology-54815149.

Carpenter, David O. 2013. "Human disease resulting from exposure to electromagnetic fields1." *Reviews on Environmental Health* 28 (4): 159—172.

Hirsch, D. 2011. "*Comments on the draft report by the California Council on Science and Technology 'Health impacts of radio frequency from smart meters'.*"

IARC. 2011. *IARC. Classifies Radio frequency Electromagnetic Fields as Possibly Carcinogenic to Humans.* World Health Organization, Press Release N 208, https://www.iarc.who.int/wp-content/uploads/2018/07/pr208_E.pdf.

Klein, N. 2020 "How big tech plans to profit from the pandemic." *The Guardian*, May 13, 2020. https://www.theguardian.com/news/2020/may/13/naomi-klein-how-big-tech-plans-to-profitfrom-coronavirus-pandemic.

Madianou, M. 2020. A Second-Order Disaster? Digital Technologies During the COVID-19 Pandemic. *Social media+ society*, 6 (3), 2056305120948168. https://doi.org/10.1177/2056305120948168.

Myers, Amy. 2021. "How dangerous is your smart meter?" *AmyMyersMd. com*, Updated on: July 28th, 2021. https://www.amymyersmd.com/article/dangerous-smart-meter/.

Pall, Martin L. 2016. "Microwave frequency electromagnetic fields (EMFs) produce widespread neuropsychiatric effects including depression." *Journal of Chemical Neuroanatomy* 75: 43—51.

World Health Organization. May 31, 2011. https://www.iarc.who.int/wp-content/uploads/2018/07/pr208_E.pdf.

撰稿人简介

安娜·阿尔秋申娜（Anna Artyushina）| 博士（PhD），约克大学城市研究所博士

她是社会学家和科学技术学（STS）研究学者，研究兴趣包括智慧城市、公民参与、数据治理政策和负责任的创新，曾担任加拿大信息和通信技术委员会（ICTC）的科学顾问。在《政策研究》（*Policy Studies*）、《远程通信和信息学》（*Telematics and Informatics*）以及《麻省理工学院技术评论》（*MIT Technology Review*）上发表论文。

艾玛·伯内特（Emma Burnett）| 博士候选人，理学硕士

她是考文垂大学农业生态学、水资源与恢复力中心的研究员，牛津大学的生物多样性、保护和管理的理学硕士。研究重点是本地化农业食品系统的自组织和恢复力。她与人共同创立了合作社社会企业"培育"（Cultivate），致力于在牛津郡生产和分销更多的当地食品，并与"牛津美食"（Good Food Oxford）合作开展工作，为农业相关的问题寻找解决方案。

亚当·琼斯（Adam Jones）| 加拿大被动式房屋（Passive House Canada），加拿大可持续建筑（Sustainable Buildings Canada），环境学硕士（MES），环境学学士（BES）

他是可持续性问题的研究员和顾问，从事可再生能源和可持续性建筑领域已有十多年。他曾与加拿大的非政府组织合作，制定运营节能和需求管理计划，并就可持续建筑和绿色建筑战略向各级政府提供指导。他在约克大学的研究重点是储能政策和运用储能技术实现快速电网脱碳的潜力。这项工作得到了 NSERC 储能技术网络的支持，其中的贡献已在《能源政策》上发表。

帕里萨·克洛斯（Parisa Kloss）| 博士后研究员，博士，理学硕士，建筑学硕士

她是建筑师、城市规划师和适应城市气候变化规划方面的专家，曾在德国柏林创立了弹性城市规划与发展民事合伙企业［Resilient Urban Planning and Development（RUPD）GbR］，并担任首席执行官。她曾获得多项奖学金和奖项，如德国学术交流中心（DAAD）博士后奖学金，汉堡港口城市大学（HCU）为期三个月的研究奖学金，以及以"德黑兰城市热岛效应"项目获得的德黑兰世界奖。

托比·莫特拉姆（Toby Mottram）| 英国皇家工程院院士（FREng），英国农业工程师学会院士（FIAgrE），博士，理学硕士，文学（荣誉）硕士，理学学士

他创立了三家公司，是英国农业工程领域的杰出人物。他在 2016 年完成了生物技术和生物科学研究委员会（BBSRC）/爱丁堡皇家学会的企业奖学金计划用以开发 Milkalyser，并筹集到 160 万英镑用于开发其原型。Milkalyser 目前已被机器人挤奶市场领导者莱力公司（Lely）收购。

卡米拉·韦恩（Camilla Ween）| 英国皇家建筑师协会（RIBA），英国特许公路与运输协会（MCIHT），哈佛勒布学者

她是哈佛大学勒布学者（Loeb Fellow）、设计委员会的建筑环境专家，同时是建筑师和城市规划师，是城市设计、规划和交通方面的专家。现任戈尔茨坦-韦恩建筑师事务所（Goldstein Ween Architects）董事，为全球的公共和私营部门客户开展城市规划和交通项目。

图书在版编目(CIP)数据

智慧城市 ：大数据、城市发展和社会环境可持续性 /
（加）内金・米纳伊（Negin Minaei）主编 ；王静，周雪
砚译. -- 上海 ：上海人民出版社，2024. -- ISBN 978
- 7 - 208 - 19283 - 6

Ⅰ. TU984

中国国家版本馆 CIP 数据核字第 2024YM4862 号

责任编辑　冯　　静
封面设计　孙　　康

智慧城市：大数据、城市发展和社会环境可持续性

［加］内金・米纳伊 主编

王　　静　周雪砚 译

出　　版　上海人民出版社
　　　　　（201101　上海市闵行区号景路 159 弄 C 座）
发　　行　上海人民出版社发行中心
印　　刷　上海商务联西印刷有限公司
开　　本　635×965　1/16
印　　张　14.5
插　　页　2
字　　数　165,000
版　　次　2024 年 12 月第 1 版
印　　次　2024 年 12 月第 1 次印刷
ISBN 978 - 7 - 208 - 19283 - 6/D・4438
定　　价　80.00 元